The Quantum Divide
Why Schrödinger's Cat is
Either Dead or Alive

量子論の果てなき境界

ミクロとマクロの世界にひそむシュレディンガーの猫たち

クリストファー C. ジェリー／キンバリー M. ブルーノ [著]　　河辺哲次 [訳]

共立出版

The Quantum Divide: Why Schrödinger's Cat is Either Dead or Alive First Edition
By Christopher C. Gerry and Kimberley M. Bruno
© Christopher C. Gerry and Kimberley M. Bruno 2013
The moral rights of the authors have been asserted

The Quantum Divide: Why Schrödinger's Cat is Either Dead or Alive First Edition
was originally published in English in 2013.
This translation is published by arrangement with Oxford University Press.

Japanese language edition published by KYORITSU SHUPPAN CO., LTD.

訳者のことば

　本書は，ミクロ世界を支配する量子論とその量子力学的世界像を素朴な思考実験レベルから巧妙にデザインされた実証実験レベルまで，丁寧に，深く，やさしく解説したオックスフォード大学出版の "*THE Quantum Divide*"（量子の境界）を訳したものです．

　量子論や量子力学の描く世界が，マクロ世界を支配する古典物理学が描く世界と著しく異なることは広く知られています．そして，ミクロ世界の不思議な実験事実は，マクロ世界に生きる私たちの常識や直感に反するが故に，とても魅惑的です．でも，日常的な常識や直感が壊れていくことに対する不安な気持ちとともに，量子力学の解釈に対する疑惑も起こります．その延長線上に，本書のメインテーマであるミクロとマクロの世界を分ける "境界" に対する疑問が生まれてくるでしょう．

　この疑問に対する正解というものが果たして存在するのか，それ自体が疑問ですが，本書は，量子光学を駆使した主要ないくつかの量子実験から，このような "境界" は存在せず「古典的な世界はどこにも存在しない」というショッキングな，そして，深遠な結論に導きます．

　このようなモダンな量子力学的世界像が私たちにビビッドに伝わるように，本書では，言葉による定性的な説明と平明な数式による定量的な説明，そして精緻な量子実験による実証的な説明がバランスよくなされています．そのため，ミクロ世界の不思議な量子現象と量子力学の奇妙な解釈に興味を抱くすべての人々に本書は適しています．

訳者のことば

　最後に，本書の訳語・表現等に関して有益なコメントを頂いた九州大学教授の羽田亨氏に厚くお礼を申し上げます．また，本書を翻訳する機会を与えてくださり，そして，訳稿の仕上げまで細部にわたり懇切丁寧なコメントとアドバイスを頂いた，共立出版編集制作部の島田誠氏に厚くお礼を申し上げます．

2015 年 10 月

河辺 哲次

まえがき

　本書は，量子物理学の本質的なアイデアを，主要な量子実験に基づいて解説したものです．登場する実験の大半は，光と物質の相互作用を研究する量子光学の分野のものです．長年にわたって行われた興味をそそる数々の実験，そこから明らかにされた量子的世界の性質．これらに興味をもち，学びたいと思うみなさん──物理の学生さんだけでなく，好奇心の強い一般の方々──にとって，本書は最適です．

　原子スケールのようにミクロなスケールで起こる現象に対して，自然が私たちに強いる考え方は，マクロなスケールの日常世界で起こる物理現象に対する私たちの考え方と大きく異なります．このような2つの考え方の間にある鋭い不連続性を実証するために，本書では選りすぐりの実験を解説します．

　ポイントは，原子スケールの現象がマクロなスケールの現象と非常に異なるということではなく，マクロなスケールでの現象の論理と合わないようにみえることです．例えば，火星は太陽の周りを公転しながら，その公転軌道上のどこかに存在しています．いまこの瞬間に，火星がどの位置にいるのかを知らないとしても，火星を見つけることは簡単です．そして，たとえ火星の位置を知らなくても，火星がある瞬間に宇宙空間のある確定した位置にあることを，私たちは確信しています．

　これに対して，最も単純な原子である水素原子の場合を考えてみましょう．水素原子は1個の陽子と1個の電子からできており，陽子と電子は電気力で結びついています．水素原子に対する最も簡単な量子論的モデル（1913年のボーアの原子モデル）では，電子は非常に重い陽子の周りを，ちょうど惑星が太陽の周りを公転するように回っています．このモデルは高校できっと習ったでしょう．

　しかし，1925–26年に発展した量子力学によるモデルでは，そのような簡単

な電子軌道は存在せず，実は，普通の意味での軌道もまったく存在しません．ただ，電子は陽子の周りの空間で，ある確率で分布しているだけです．さらに，電子が見かけ上原子の両側に同時刻に存在しているような特殊な状態になることを，量子論は許しています．しかし，実際に電子が同時に2つの場所に存在しうるということを，量子力学がいっているわけではないことを強調しておきましょう．要は，量子力学に従えば，電子が2つの場所に同時に存在していてもよいように，表面的には見えるというだけです．

このような状況は，天体や野球ボールや花粉などのような，大きなスケールの物体の運動では決して起こりません．もちろん，私たちは原子の世界を直接的に経験することはできません．でも，物質と光の奇妙な状態は世界中の実験室で日常的に作られているのです．

電子で話したような，量子的な粒子が同時に2つの場所に存在しうるという表現は，正確ではありません．物事はもっと巧妙なのです．私たちは，原子スケールでの非常に奇妙な量子現象が，日常生活でも実現する可能性も考えなければならないでしょう．実際，本書のタイトルである**量子の境界**（*THE Quantum Divide*）は，厳密にいえば，次のような問題に関するものです．**古典的世界と量子的世界の間のどこに境界線を引くことができるだろうか？**

ありえそうな答えの1つは，そのような境界など実際には存在しない，というものかもしれません．

本書では，量子力学の成立過程の歴史は扱いません．なぜなら，そのような話はすでに多くの本に書かれているからです．ただ，歴史的な参考資料として必要になるものもありますので，実験を含む初期の量子論の発展に関する科学史（時系列）と参考文献を付録につけています．

また，本文の大半において，量子力学の発展や量子力学の解釈に関わった人物たちのパーソナリティーも扱いません．同様に，量子世界の奇妙な性質を実験や理論で解明し続けている人々も扱いません．そのような本はこれまでに多く出版されていますし，そのなかには表面的なレベルのものもあります．事実，量子物理学自体をかなり表面的に記述しただけの本も，よくみかけます．

本書の目的は，量子的世界の物理学をある"期待"をもって探索することです．その期待とは，量子的世界がみなさんの知的チャレンジ心を刺激すると同

時に，みなさんを楽しませてくれる，奇妙で反直観的な現象に満ちあふれているという期待です．

本書の記述において，量子力学に固有な数式を使うことにためらったりはしていません．特に，量子状態やその重ね合わせ，そして，エンタングルした（もつれた）量子状態などの表現に対しては，数式を使っています．その理由は，量子論が世界に関して何を語っているのかを，数式を使って説明したほうがみなさんによりよく理解してもらえるだろうと考えた（期待した）からです．でも，実際に手計算をみなさんに要求はしていません．

謝　辞

まずは，Jaroslav Albert 博士に対して，本書のすべての図を CorelDraw を使って準備して頂いたことに心から感謝します．そして，（ボルンの機関銃）を手描きしてくれたことにも感謝します．

CCG は Rainer Grobe と Mark Hillery に，長年にわたる量子論に関する多くの有益な会話に対して感謝します．原稿のさまざまな段階で批判的に目を通してくれたすべての人々に，そして，有意義なコメントをしてくれたすべての人々に感謝します．コメントのほとんどは本書に採用しました．

本書にミスがあれば，その責任はすべて著者たちに帰します．

目　次

第1章　原理としての物理学　　1

1.1　世界を分ける　　1
1.2　基礎にある物理学　　4

第2章　粒子と波の二重性：電子の二重人格　　11

2.1　マクロの世界とミクロの世界　　11
2.2　量子コイン　　17
2.3　重ね合わせ？　混合？　　24
2.4　光と波，そして，干渉　　24
2.5　電子を使った干渉　　35
2.6　1回に1個だけの電子による干渉　　36

第3章　粒子と波の二重性：光子　　51

3.1　自然の対称性　　51
3.2　光子，そして単一光子の干渉　　53
3.3　遅延選択実験　　71
3.4　無相互作用測定　　75

目次

第4章　光子でもっと探索：ビームスプリッターの活用　81

- 4.1　能動的な光学装置と受動的な光学装置 81
- 4.2　2光子をビームスプリッターに 88
- 4.3　ホーン–オウ–マンデルの実験 94
- 4.4　2つの実験 96
  - 4.4.1　量子消去 96
  - 4.4.2　量子トンネリング：光は光速を超える？ 99
- 4.5　奇抜な実験：光子を別の光子で制御 107

第5章　奇妙な遠隔作用：エンタングルメントと非局所性　111

- 5.1　唯一のミステリー？ 111
- 5.2　収縮と射影に関する注意 117
- 5.3　奇妙な遠隔作用：EPRの議論 120
- 5.4　ちょっと寄り道：光子の偏光 124
- 5.5　EPRに戻る：アインシュタイン–ポドルスキー–ローゼン . . . 130
- 5.6　ベルの定理 137
- 5.7　不等式のないベルの定理：ハーディ–ヨルダンの方法 . . . 139
- 5.8　何を捨てるか：局所性か実在論か？　それとも両方か？ . . . 144

第6章　量子情報と量子暗号と量子テレポーテーション　149

- 6.1　量子情報科学 149
- 6.2　量子鍵配送 153
- 6.3　量子テレポーテーション 159
- 6.4　テレポーテーションの実験 164

第7章 マクロな量子効果：シュレディンガーの猫とレゲットのスクイド　　171

- 7.1 巨視的なもの，微視的なもの，そして中間的なもの …… 171
- 7.2 量子論の寓話：シュレディンガーの猫 …… 173
- 7.3 生きている猫と死んでいる猫の干渉：レゲットのスクイド … 179
- 7.4 デコヒーレンスと境界：なぜ"猫"はいない？ …… 185

第8章 量子哲学　　191

- 8.1 量子力学の還元？ …… 191
- 8.2 コペンハーゲン解釈とその不満 …… 195
- 8.3 多世界解釈 …… 202
- 8.4 デコヒーレンス …… 206
- 8.5 量子意識 …… 207
- 8.6 ミステリーは残る …… 210

付録A　量子力学の歴史　　213

付録B　学生のための量子力学実験　　219

索　引　　223

原理としての物理学

一人の人間が宇宙に言った．
「私はここにいる」と．
宇宙は答えた．
「あなたの存在など，どうでもよいことだ」と．

スティーブン・クレイン（Stephen Crane） ¶1

🐾 1.1 世界を分ける

　世間には2種類の人々がいる，とよく言われます．世間を2種類の人々に分ける人たち，そして，分けない人たち．人々はいつも，分けることに強い関心をもってきました．しかし，私たちのたゆまぬ努力にもかかわらず，提案された分類や作ったカテゴリーはいつまでも変わらないわけではなく，変化していくものです．

　科学は，物理，化学，生物という3つの基礎的な自然科学に分類されます．なぜなら，それぞれが独自の専門用語で研究されるからです．しかし，この3つの分野には互いに重なり合うところが多いことも，私たちは知っています．

　物理学のなかには，本書に適した自然な分類があります．それはまず，**マクロな世界の物理学**です．これは，日常生活での現象やより大きなスケールの宇宙の現象などで，ゴルフボールや天体，銀河，銀河系などの運動を含んでいます．この世界では，よく知られた古典物理学の法則が成り立ちます．それは，ニュートンの法則，ファラデーの法則，マクスウェルの法則，アインシュタインの法則（重力理論）などを含んでいます．

¶1 （訳注）アメリカ合衆国の作家・詩人（1871–1900）です．

一方で，**ミクロ**な世界の物理学もあります．これは，原子，分子，光子，クォークなどの世界です．この量子的な世界は，古典物理学とはかなり異なる法則が支配しているようにみえます．量子物理学のなかに，古典的な法則の痕跡をみかけることもありますが，量子的な世界に対する考え方は，古典的な世界に対する考え方や数学的な記述法とかなり異なっています．

量子力学は，古典力学よりも基本的な理論であると考えられています．そして，古典物理学は量子物理学に含まれるパラメータ（エネルギー，運動量など）を大きくしていった極限で出現するものと思われています．それにもかかわらず，微視的なスケールの世界と巨視的なスケールの世界を分ける境界があります．

ここで重要な問いは，量子と古典を分ける境界の**場所**に関するものです．どの程度のスケールで，量子力学は古典力学に移るのでしょうか？　つまり，量子論による奇妙な眺めがなくなり，日常生活でなじみのある眺めになるという意味において，量子論はどこで古典力学に移るのでしょうか？　このような問題を調べるには，量子と古典の極限のスケールだけではなく，その中間のスケールで2つの法則が混じり合う**メゾスコピック**な世界にも目を向けなければなりません．ただし，同時に，大きな枠組みの中で，量子と古典を分ける境界などはなくて，知覚される境界はただの幻想だ，という可能性を考える柔軟な心も私たちはもっておく必要があります．

今日，最も基礎的な理論だと考えられているものは量子力学です．古典力学ではありません．そのため，おそらく正しい問いかけは，量子と古典の境界の場所に関することではなく，本当に境界が存在するのだろうかということです．

これからみなさんが学ぶように，古典の世界と量子の世界の主な違いは法則の数学形式ではありません．実のところ，量子の世界の法則を書き下すことはできないでしょう．むしろ，両者の違いは考え方にあります．つまり，量子世界についての考え方や，客観的に知りえるものとは何であるかという点です．

量子的な世界と古典的な世界での考え方の違いをはっきりさせるために，次のような飼い猫の例を考えてみましょう．飼っている猫が，家の中に確実にいることはわかっているとしましょう．でも，あなたは家の外にいるので，猫がどの部屋にいるのか正確にはわからないとします．それでも，あなたが論理的

であれば，猫はいずれかの部屋の**1**つには必ずいると結論づけるはずです．つまり，猫は確実にどこかの部屋にいる．でも，その場所はわからない．これを**客観的な無知**とよんでもよいでしょう．このようなことは，古典的な世界における日常生活では何の不思議もありません．猫の居場所は，たとえわからなくても，**客観的に確定**しているからです．

これとは非常に対照的に，猫が量子力学の法則に従うモノであったなら（実際はそうではありません．なぜなら，猫はマクロな大きさだからです），猫は家の中にいても，家のなかの明確な場所にはいないことになります．これは，猫がどの部屋にいるかをあなたが知らないという問題ではありません．そうではなくて，猫の居場所そのものが**客観的に不確定**になるのです．つまり，猫にとって，はっきりした居場所などまったくないのです．このようなショッキングな考え方をすることは，日常生活では決してありません．

量子の世界では，電子，光子，そして他の「ミクロな」粒子は，ある条件のもとで，客観的に不確定な（はっきりしない）属性をもつことができます．しかし，どのようなものも，たとえ猫であっても電子であっても，明確に定義できる属性をもっていないという概念は，初めて学ぶととてもショッキングです．いずれ，この概念を受け入れなければなりませんが，いつまでも，このショックは消えないでしょう．猫や他のモノがどちらかの場所にいるという考え方は「常識」的です．そのため，論理的な人はこんなショッキングな概念につき合おうなどとは思わないかもしれません．

しかし，原子の世界では，物体が客観的に不確定な属性をもつことはありふれたことなのです．そのような場合，問題にしている属性にある種の靄がかかります．例えば，猫の**居場所**は家全体に靄がかかってぼけてしまいます．でも，猫自身が家の中で靄のようにぼけるということはありません．量子論は，物体が2ヵ所以上の場所に同時に存在することを予言しません．

量子力学に対する素朴な解釈から，誤った概念がときどき通俗書[†1]に書かれています．でも確かに，物体が客観的にはっきりしない属性をもちうるという

[†1] 例えば，2005年6月号のディスカバリー誌にあった質問は，「もし電子が同時に2ヵ所にいることができるのならば，なぜあなたはそうならないのか？」．これには，量子論は1個の電子であっても同時に2ヵ所に存在しうるとは述べていない，と答えるしかないでしょう．

アイデアは，私たちの日常生活での「常識」的な見方に反しています．客観的に不確定であるという性質は，量子に関する最も小さなショックかもしれません．でも，やがてわかるように，量子論に現れる大半の不思議さはこの不確定性から生じています．

この先，本書を読み進むときに，心に留めておいてほしいことがあります．それは，量子**理論**は不思議ではあっても，その不思議さは自然**自身**が原子の世界でもっている性質の不思議さを反映しているだけだということです．つまり，実験が反直観的な自然現象を明らかにして，現代の量子論を生みだしたのです．この量子論によって，原子世界の自然法則は数式を使って矛盾なく説明できるようになりました．

私たちの主題に入る前に，物理学と基礎科学との関係を見ておきましょう．

1.2　基礎にある物理学

「物理学はすべての自然科学の最も基礎になるものである」という言葉から始めましょう．物理学者でない人たち（つまり，ほとんどの人たち）に対して，この言葉の正当性を説明する必要があるでしょう．

辞書には，物理学とは力学，音響学，光学，熱，電気，磁気，放射，原子構造，原子核，素粒子現象などの領域において，物質とエネルギーとそれらの相互作用を扱う科学である，と書かれています．では，なぜ物理学を他の科学よりももっと基礎的であると考えるのでしょうか？

まず，生物学，つまり生命の科学から考えてみましょう．生物学の基礎は，デオキシリボ核酸です．これは生命の分子で，DNAとして知られています．DNAは1つの世代から次の世代への遺伝子情報を蓄え，伝えていきます．換言すれば，DNAは生命の創造と維持のために必要なすべての指示を与えます．1つの遺伝形質は，**遺伝子**とよばれるDNAの部分に記号化されています．各遺伝子は，ヌクレオチドという他の種類の分子のグループでできています．さらに，ヌクレオチドは，炭素，水素，酸素，窒素，リンの原子からできています．さまざまな元素の原子は，分子よりももっと基礎的です．そのため，たとえどんなに化学が複雑であっても，生物学は究極的には化学に**還元**されるでしょう．

1.2 基礎にある物理学

みなさんが知っているように，化学は，異なる化学物質を組み合わせて新しい化学物質の作り方を研究するものです．化学者は多くの時間を費やして，原子について考え，新しい分子を作るために原子を結びつける方法を研究しています．そのため，化学の基礎にあるのは原子自身を記述する科学です．そして，辞書の定義から推測されるように，この科学こそが**物理学**になります．

原子の仮説は，1800年代初頭にドルトンによって提唱されました．しかし，原子の構造を支配する法則や原子が分子を作るメカニズムは，20世紀の初頭までわかりませんでした．これらの法則は，当時新しく展開された**量子力学**という理論を使って，物理学者たちが見つけました．

この量子力学によって化学結合の理解が得られたため，化学はしっかりした理論的基礎をもつことになりました．この意味において，化学は量子力学に**還元**されたことになります．もちろん，化学はそれ自身の専門用語で研究されるべきものであり，単なる物理学の一分野ではありません．でも，心に留めておいてほしいことは，量子力学が全分野の基礎になるということです．

しかしながら，物理学は原子に関するものだけではありません．原子は比較的最近の科学上の発見なので，物理学の長い歴史からみれば，原子が注目されることはほとんどなかったと言ったほうが正しいでしょう．かつて，自然哲学とよばれていた頃，物理学は無機物の運動の研究から生まれました．このような研究から，さまざまな自然法則を含む一連の知識が明らかになり，今日，**古典物理学**とよばれるものが生まれました．

力学の基礎であるニュートンの運動法則や万有引力の法則は，ある意味で，**大きな物体の運動を支配します**．事実，これらの法則はそのような物体の振る舞いを注意深く観測して発見されたものでした．

しかし，**大きい**とは一体どういう意味でしょう？　正確には難しいのですが，おそらく，**大きいものと小さいもの**とを分類する最良の方法は，ニュートンの運動法則に従う物体が大きいスケールの物体であると仮定することでしょう．でも，これは循環論法のように見えるので，もっと説明が必要でしょう．

太陽の周りを公転している惑星は，ニュートンの運動法則と万有引力の法則に従って運動しているので，上の仮定より明らかに「大きい」といえます．事実，人間のスケールから見ても，天体は非常に大きいスケールです．しかし，ゴ

ルフボールや，もっと小さい塵や花粉のようなものもニュートンの運動法則に従うので，上の仮定より，これらの物体も「大きい」と考えられます．したがって，ニュートンの法則は非常に広い範囲で成り立つことになります．

ニュートンの時代以降，フランクリン，ファラデー，マクスウェルやその他の人々による仕事から，電気や磁気の学問（**電磁気学**）が生まれました．また，産業革命のときに，蒸気エンジンの改良・発展に刺激されて，ジュール，カルノー，クラウジウスやその他の人たちが，熱やその変換を系統的に研究しました．そして，**熱力学**が生まれました．これらが，現在，**古典物理学**とよばれるものの中に含まれているものです．

この場合もやはり，この研究はかなり大きなスケールに関する現象の観察を基礎にしてなされました．例えば，フランクリンが実験したように，雷は大きなスケールの現象です．コンパスの針を振れさせる磁場も同じです．熱力学は物体をひとまとめに考え，基礎になる構造を完全に無視して，熱とその転換を扱う理論なので，**現象論的**な理論です．現象論とは，問題にしている現象を基礎づける詳細な微視的描像を組み立てることはせずに，現象を数学的にモデル化する理論です．そのため，熱力学はそれが記述するシステム全体の詳細には関係しません．熱力学は，冷蔵庫や内燃機関などの装置を作るのに役立つ理論です．電磁気学と熱力学の法則は，ともに 18 世紀から 19 世紀の間に確立しました．

19 世紀の後半と 20 世紀の初頭に，もっと小さなスケールで作用する何かが，電磁気学や熱力学の背後に存在するようだと認識されました．それは，いま私たちが理解しているように，電荷をもった小さな粒子です．この粒子が小さな回転電流となって微弱な磁場を作るという事実に，電気と磁気は基礎を置いています．ほとんどの日常的な電磁気現象は，**電子**とよばれる荷電粒子の運動によって説明されます．電流はたくさんの荷電粒子，つまりたくさんの電子の流れです．そして，電流はその周りに磁場を発生します．もし変動する磁場の中に導線を置いたら，あるいは，磁場の中で導線を動かしたら，電流が導線に流れます．これが，現代の巨大な発電の基礎です．

しかし，ここで**永久磁石**を考えてみましょう．この磁石を作っている鉄やニッケルの中を，大きなスケールの電流が流れているわけではありません．この磁

場の起源は，ごく小さなものです．具体的に言えば，電子は回転しているので小さな電流を担っています．これは，物理的な大きさをもたない粒子の振る舞いですが，この現象は実験で確認されています．このような小さな電流であるにもかかわらず，この電流が最終的にはたくさんの原子の**協力した効果**として，原子をある方向にすべて揃わせて，永久磁石の磁場を作るのです．

熱力学に関しては，**統計力学**に還元できることがマクスウェルやボルツマンやギブスやその他の人々によって証明されました．ここでは，小さな粒子の運動を平均した量が，圧力や熱容量などの巨視的な量と関係します．今日，熱はこれらの小さな粒子の運動の平均エネルギーによるものだと基本的には理解されています．温度が高いほど，粒子のもっているエネルギーは大きくなります．

原子は，さらにもっと小さい粒子から作られていることがわかりました．それは，（すでに述べましたが）電子，その他に陽子と中性子などです．電子は負の電荷をもっており，陽子は正の電荷をもっていますが，中性子は名前が示すように，電気的に中性です．しかし，より小さなスケールでの構造を見つけようとする流れはいまも続いています．そして，現在，陽子と中性子は**クォーク**と**グルーオン**から作られていることがわかっています．グルーオンは，クォーク同士を結合させる強い力を媒介する粒子です．一方，クォークのほうは，**自由**粒子として決して現れることはありません．これは，陽子や中性子や核力で相互作用する粒子の内部に永久に閉じ込められています（このようなクォークの閉じ込め機構は，核力の理論によって説明されています）．このレベルが，現在，私たちが到達している物質の最小の構造です．クォークがもっと小さな素粒子からできているかもしれないという推測もありますが，それを示す説得力のある実験結果はまだ存在しません．

還元主義が，どのレベルでも起こることに注意してください．つまり，あるスケールでの物質の性質は，より小さなスケールの物質の性質（そして，物質の粒子が相互作用する場）に依存します．そしてまた，次のもっと小さなスケールへと次々と続いていきます．これは**存在の偉大な連鎖**の現代版（であり，永年版）で，原子のミクロな世界と日常生活のマクロな世界との間の関係を教えてくれるものです．

本書の大半は，原子の**小さな世界**に関するものですが，その範囲は，原子だ

けでなく電子や光子や原子核，分子，そして物質のある側面をも含んでいます．そのようなミクロ世界での物理法則は，すでに述べたように，日常生活のマクロ世界の現象を説明するために使われる古典物理学の法則とは異なります．古典物理学の痕跡はありますが，古典の法則は原子の領域では役立ちません．しかし，量子力学がより基礎的な理論であるとすれば，**量子の痕跡が古典的な世界に入るときに消滅する**といったほうが，もっと正確な表現かもしれません．

量子論を構築しようとしていた1900年から1925年までの初期の試みでは，古典的な法則を**アドホック**な（ad hoc，その場限りの）規則で修正する試みが実際になされました．そして，これらの規則はアドホックであるが故に，ほとんどすべての新しい応用に対して，アドホックな修正を必要としました．それでも，観測結果を説明できるような規則がどうしても見つからない場合もありました．この時期の量子論は**前期量子論**とよばれ，1920年代初頭までにほとんどの霧はなくなっていました．しかし，どのような場合も，量子化の方法は，一般的な原理から系統的に決定することはできず不満足なものでした．1925年に，原子世界の新しい物理法則がハイゼンベルグ（Heisenberg）とシュレディンガー（Schrödinger）によって独立に発見されました．この新しい法則の体系が**量子力学**です．

したがって，私たちは現在，2つの法則をもっていることになります．1つは，**大きな世界**ではたらく法則で，**古典物理学**の世界の法則です．もう1つは，**小さな世界**ではたらく法則で，**量子物理学**の世界の法則です．現実には，2つのレベルにはたらく法則と現象だけでなく，それらの解釈方法にも，2つの世界の間には大きな境界があります．日常生活の古典的な直観や**常識**は，量子の世界では通用しません．

2つの世界で，おそらく最もショッキングな違いは**因果律**(いんがりつ)に関するものです．因果律とは，事象はつねに原因があってから生じるという原理です．古典的な世界では，何かが起こるときには，必ずその原因があります．しかし，量子の世界では，事象は何の原因もなく起こりえるのです．この理論は，ただ統計的な予言しか与えません．つまり，事象が起こる確率だけを与え，原因に関する深い描像は与えません．このような統計的な予言は量子力学に固有のもので，古典物理学には類似したものはありません．

本書のゴールは，量子力学の基礎に関する最近のいくつかの実験の話を通して，古典的な直観の破綻を詳しく述べることです．多くの実験は数個の光子を含んだものですが，たった1個の光子を使って行う実験もあります．この研究領域は**量子光学**として知られているもので，光の本質や物質との相互作用を研究する学問です．これは，現代物理学の重要な研究領域で，光の本質や物質との相互作用を解明するという固有の興味だけでなく，**量子情報通信**として知られる新しい分野に対する潜在的な応用のためにも重要です．この分野は，**量子コンピュータ**と**量子暗号**（あるいは**量子鍵配送**ともいう）を含みますが，これらに関しては，あとの章で説明します．しかし，本書で何よりも私たちが取り組みたいのは，ミクロな世界の量子現象が境界を越えてマクロな世界に，たとえほんのわずかな時間であっても，入りうる可能性があるのかという問題です．

量子的な世界は古典的な世界の描像と，いく通りかの方法で異なっています．1つの大きな違いは，測定の役割に関係しています．古典的な世界では，例えば，天体やボールの場所を測定しても，測定自体がそれらの物体のそのあとの運動に何か影響を与えるだろうかと疑ったりはしません．また，私たちは，地面に置いてあるボールの位置を測定するとき，測定は単にボールが測定前からあった場所を明らかにしているだけだ，と仮定しています．

しかし量子の世界では，いずれわかるように，一般に量子系に測定する前から存在していた情報を，測定によって明らかにすることはできません．そして，このおかげで，量子系を実用的な応用に役立つ状態に導くことが可能になります．

私たちは量子の世界を感覚を通して直接に知ることはできません．しかし，注意深くコントロールされた実験によって，量子の世界は不思議の国のアリスに登場するあのウサギの穴よりももっと大きな驚きをもたらすことがわかってきました．量子の世界では，非常に巧妙で非常に限定的な方法によって，実験者は実験結果の**種類**に影響を**与え得る**ことが明らかになっています．つまり，実験者が実験をデザインするときに特定の種類を選択すれば，自然は排他的な仕方でその選択にあった振る舞いをするように強いられるのです．そして，実験者が実験のデザインを別の種類に選択すれば，定性的に異なる**種類**の結果となり，振る舞いも異なります．要するに，自然は相補的な振る舞いを強いられることになります．

一般に,量子系に対する実験の結果は予言できません.なぜなら,量子の世界は決定論的ではなく,理論の予言は(このあとで説明するように)統計的だからです.

量子力学のこのような特徴は一般向けの本に書かれていますが,残念なことに,そこにはたくさんの歪曲や誇張が含まれています.そのうちのいくつかは本書の最終章で扱うことにしますが,それ以外の章では,できる限り冷静な記述で,事実をもって語るようにしたいと考えています.

量子現象は,誇張しなくても常識と矛盾しますから,それだけで十分に不思議なのです.みなさんには,この本を通じて,(とにかく,科学で過大評価されている)常識というものが量子現象の話になるとほとんど完全に(しかし,まったく完全だというわけではありませんが)無力になることがわかるでしょう.このことが,量子の世界をとても魅惑的なものにしてくれるのです.

参考文献と参考図書

古典物理学の歴史に関する書籍を,少し挙げておきます.

Bernal J. D., *A History of Classical Physics: From Antiquity to the Quantum*, Barnes and Noble, 1997.

Newton R. G., *From Clockwork to Crapshoot; A History of Physics*, Belknap Press, 2007.

Segrè E., *From Falling Bodies to Radio Waves*, Dover, 2007.

chapter 2
粒子と波の二重性：電子の二重人格

> 僕はよく君に言ってきたはずだよ．
> 不可能を消していけば，
> 残るものが何であろうと，
> そして，どんなに信じがたくとも，
> それが真実に違いないとね．
>
> コナン・ドイル（Arthur Conan Doyle），
> シャーロックホームズ：4つの書名 ¶2

😺 2.1 マクロの世界とミクロの世界

　第1章の話から，物理学はまさに基礎的な科学であると，みなさんが納得されたことを願っています．もし納得されたならば，物理学の基礎は盤石であると期待されるかもしれません．これについては，その通りかもしれないし，そうでないかもしれません．大きなスケールの現象は，古典物理学の法則でうまく記述されます．第1章で述べたように，それらは20世紀初頭までにほとんど確立したものです．

　しかし，これらの法則を原子のスケールに適用したときうまくいかないことが，1900年のはじめ頃には認識されていました．1911年にラザフォードが原子核を発見しました．原子核には，原子の質量の大半と全部の正電荷が存在しています．ラザフォードは，原子核の内部に陽子（原子に含まれる正電荷）と中性子（電荷をもたない粒子）が存在すること，そして，原子核は原子の非常に狭い領域だけに存在することを発見しました．ラザフォードはこの実験を，アルファ粒子（現在，ヘリウムとして知られている原子核で，2個の陽子と2個の中

¶2　（訳注）第6章「シャーロックホームズが説明する」のなかのワトソンへのセリフです．

性子で構成されています）を金箔に衝突させることによって行いました．そして，アルファ粒子がときどき真後ろに跳ね返されることに気づきました．当時，原子内の正と負の電荷は一様に分布していると考えられていましたから，これは絶対にありえない現象でした．

しかし，もし原子の正電荷が重い原子核の中に集中していると考えるならば，ときどき起こるアルファ粒子の後方散乱は，アルファ粒子と原子核との正面衝突として説明することができます．さらに，アルファ粒子のエネルギーの情報から，アルファ粒子が原子核にどれくらい接近できるかもわかります．言い換えると，原子核の大きさがわかることになります．このため，ラザフォードは原子核の存在だけでなく，その大きさまでも発見したことになります．

原子の大体の大きさは，実は，ラザフォードの実験よりもずっと以前にわかっていました．1771 年に，フランクリンが英国のクラファムにある池で，小さじ 1 杯の油を注いで「波を静める」実験を行いました．そして，水面に油がおよそ 0.5 エーカー（2000 平方メートル＝$2 \times 10^3\,\mathrm{m}^2$）だけ広がったのに気づきました．油の**体積**が 2 立方センチメートル（$2 \times 10^{-6}\,\mathrm{m}^3$）であること，水面の油膜が油の 1 分子の大体の大きさだと仮定すれば，この体積を広がりの面積で割れば油分子の厚み d の大きさのオーダー[†2] を見積もることができます．計算すると，$d = (2 \times 10^{-6}\,\mathrm{m}^3)/(2 \times 10^3\,\mathrm{m}^2) = 10^{-9}\,\mathrm{m}$ となります（ここで $100 = 10^2$, $1000 = 10^3$, $\cdots$ や $0.1 = 1/10 = 10^{-1}$, $0.01 = 1/10^2 = 10^{-2}$, $\cdots$ などの科学的表記を使いました）．さて $d = 10^{-9} = 0.000\,000\,001\,\mathrm{m}$ は 1 ナノメータ（nm）を表す長さの単位です．これは，分子の大きさの正しいオーダーです．

ただ惜しかったのは，フランクリンが自分の発見の重要性に気づいていなかったことです．彼の関心は油膜の厚みだけで，分子ではなかったように思われます．フランクリンは油が波の作用を減少させる効果に気づいていたので，洋上での船におよぼす波の作用を油で減少させる方法を考えていました．残念なが

[†2] 「大きさのオーダー」という用語は 10 のベキを指します．ある近似的な感覚で 10 は 1 のオーダー，10^2 は 2 のオーダーのようにいいます．11 という数はおよそ 10 なので，1 のオーダーといいます．一方，98 という数は 100 に近いので，2 のオーダーです．したがって，98 は 11 よりも 1 桁大きいといいます．数字の正確な数値は重要ではありません．10 のベキで与えられるおよその相対的なサイズだけに興味があります．

ら，油は小さな波にしか効果はなく，巨大な破壊的な波に対しては効果はありませんでした．

さて，原子は最小の分子よりも1桁ほど小さいので，原子の直径は $d = 10^{-10}$ m （0.000 000 000 1 m）のオーダーです．しかし，ラザフォードの実験によって，原子核の大きさの上限は約 $d = 10^{-15}$ m（1 フェムトメーター[¶3]として知られている単位）であることがわかりました．ラザフォードのこの発見の帰結の1つは，原子からできている普通の物質はほとんど空っぽだということです．どれくらい空いているでしょう？ 次のように考えてみましょう．原子核は原子自体の大きさより，およそ5桁ほど小さな物体です．電子は明らかに大きさがない[¶4]ので，空間を占めることはまったくありません．

原子の相対的なサイズを直観的に理解するために，10^{13} 倍だけすべてのものを大きくしましょう．そうすれば，原子核の大きさは 10^{-2} m = 1 cm くらいで，ちょうどビー玉ほどの大きさになります．一方，原子の直径は 10^3 m = 1 km になります．電子自体は点のままで，まったく大きさは変わりません．このようにスケールを変えると，原子は1 kmの直径で，原子核はビー玉の大きさになるので，原子の内部はほとんど空っぽだという感じがつかめるでしょう．

そのため，例えば，ボールとバットの見かけ上の固さは単なる錯覚だといえます．バットとボールがぶつかったときに互いに通り抜けないという事実は，接触しているボールとバットを構成している原子の電子間で作られる電気力によるものです．また，バットやボールを透視できないのも，電子が入射光のほとんどを反射するからです．

それで，原子はすべての正電荷を含んだ小さな原子核とすべての負の電荷をもった電子からできていることがわかりました．そして，電子は何らかの形で原子核の周りを回っています．電子の質量は非常に小さく，原子内部の領域をほとんど占めないから，電子は異符号の電荷による電気的な引力によって原子核に支配されています．それは，地球や他のすべての惑星が万有引力によって

[¶3] （訳注）イタリアの物理学者エンリコ・フェルミの名前に由来します．なお，湯川秀樹にちなみ，10^{-15} m の長さを 1 ユカワ（yukawa）ともいいます．

[¶4] （訳注）現在の素粒子論では，電子は内部構造をもたない点粒子であると仮定されています．その仮定のもとで，素粒子の相互作用を記述するゲージ場理論は構築されています．なお，2.5節も参照してください．

第2章　粒子と波の二重性：電子の二重人格

太陽に支配されているのに似ています．

ところが，ここに障害があります．古典電磁気学に従えば，このような電子は原子核に向かってらせん軌道を描きながら吸い込まれていきます．そして，さまざまな波長の電磁波（ラジオ波，赤外線，可視光，紫外線，そしてX線）を放射し続けます．しかし，原子の内部で本当にこのようなことが起こっていれば，私たちが理解している原子は存在しなかったし，化学結合の形成に関与するような電子も存在しなかったでしょう．化学反応がなければ，生命は存在しません．ただ神経の中を電気的な信号が流れるだけで，このような問題を考えるような私たちは存在しなかったでしょう．

原子はときどき光を放射することが**あります**が，そのときは決まった波長の光を放射します．さらに，この同じ波長で原子は光を**吸収**することもできます．そして，その吸収によって，原子から電子が放出されることがあります．これが**光電効果**です．もし原子内にあるすべての電子が原子核の内部にあるとすれば，この効果の説明は難しくなります．そのため，理由はわかりませんが，電子は原子核にらせん状に吸い込まれることなく，核の周りを取り囲んでいる雲か蜂の群れのような状態であるように見えます．

さて，原子の安定性や原子スケールのさまざまな現象を説明するために，新しい種類の物理学が1920年代に作られました．この新しい物理学が**量子物理学**，あるいは**量子力学**といわれるものです．これは原子のスケールの世界，**微視的な世界**，あるいは**ミクロな世界**に適用される理論です．ここで，「微視的」とは，例えば，アメーバのような顕微鏡で見えるような大きさを意味しているのではありません．この**微視的**という意味は，原子やそれ以下のスケールの現象のことです．原子のサイズは，ほぼ1mの0.000 000 000 1(10^{-10})倍です．

対照的に，天体やゴルフボールや冷蔵庫などの大きなスケールの世界は**巨視的な世界**，あるいは**マクロな世界**とよばれます．古典物理学が適用されるのが，この世界です．

ここでは，これ以上深入りしませんが，量子力学によって広い範囲の現象が説明されます．例えば，本質的にはすべての化学，固体物理，トランジスターの作用，光，レーザーの作用，星（そして水爆）のエネルギー源である熱核融合のような核反応，超伝導，などの多くの現象が量子力学で説明できます．

したがって，量子力学はかなり成功している理論であるように思われます．それにもかかわらず，量子力学にはまったく奇妙な要素があることがわかっています．それは，理論の予言能力に関するものではなく，理論の極めて抽象的な基礎部分に関するものです．

古典物理学を適用するとき，あるいは日常的な世界で仕事をしているとき，私たちは，**実在**に関してある種の**常識**を仮定しています．例えば，裁判所で審議されている犯罪の場合，両陣営は陪審員に被告が問題の犯罪を実行したのか，しなかったのかを説得しようとします．証人は嘘をついているかもしれない．証拠は消されたかもしれないし，改ざんされているかもしれない．このような事があったとしても，まだ客観的な真実は**ある**と主張することはできます．この犯罪に関係した出来事を，たとえ陪審員（あるいは，おそらくこの件に関して誰も）がわからなくても，そのように主張することは可能なのです．

客観的な真実があると，このような意味で仮定する人は，その観点が**実在的**なので**実在主義者**に分類されます．ただし，私たちがこの用語をいまここで使うときは限定された使い方をします．つまり，現実的な世界とかけ離れたファンタジーの世界の存在を信じてしまう，あまりにも人間的な習性などと比べるつもりはありません．つまり，この用語が規定する実在主義者とは，テレビの人気番組のセリフ[¶5]を借りれば，人の心や人間的な習性とは無関係に「真実はそこにある」と主張するような人です．私たちはこの真実を**客観的な実在**とよびます．

古典物理学をはじめ，すべての科学において，客観的な実在の仮定は暗黙の了解です．例えば，遠く離れたところにある星の周りで，公転している惑星が存在するかもしれないし，存在しないかもしれない．星は非常に遠いため，惑星の存在を私たちは知ることができないかもしれない．しかし，もし惑星が存在していれば，その惑星はニュートンの運動法則と引力の法則に従っていると，私たちは断言できます．言い換えれば，惑星の客観的な存在や振る舞いは，地球上の誰かがその惑星について**知っている**か否かには無関係です．

もっと身近な例を選びましょう．次のような問いを考えてみてください．森

¶5 （訳注）テレビドラマ「Xファイル」の中に出てくるセリフ " the truth is out there " です．

第 2 章　粒子と波の二重性：電子の二重人格

の中で木の枝が落ちたとき，その場所に音を聞く人がいなくても音は生じるでしょうか？　もし**音**が，レコーダで記録できるような，空気の力学的な振動であるという意味であれば，たとえその場に人がいなくても，この問いの答えはイエスです．これは常識であり，客観的な実在です．しかし，もし音が耳や脳の中で作られる知覚であるという意味であれば，その場に人がいなければ音は存在しません．

　私たちが「常識」のことを話しているときは，一般に**ブール論理**として知られている論理学の規則を意味しています．ブール論理とは，「思考の法則に関する研究（*An Investigation into the Laws of Thought*）」という本の中で，論理に関する研究をまとめたブール（Boole）にちなんで名付けられたものです．この規則は，同じ条件であれば，誰が使っても必ず同じ結論に到達するという意味において，普遍的です．電子計算機では，関数の計算にブール論理の規則が使われています．

　しかし，量子力学で記述されるミクロな世界では，必ずしもこのようにはいかないのです．このことを理解するのは簡単ではありません．なぜなら，これは**常識**的ではないからです．マクロな世界で期待される振る舞いと，ミクロな世界で実際に起こるものとの間の著しい違いを示すには，具体的な例を使って説明するのが一番よいでしょう．

　実を言えば，少なくとも科学に関する限り，日常のマクロな世界においても常識はそれほど有力な概念ではありません．例えば，ニュートンの第 1 法則は，物体が外力を受けないで一定の速度で運動しているとき，物体の運動状態はいつまでも持続することを述べています．これは，簡単そうに見える法則ですが，実は，常識的ではありません．昔の科学者たちは，物体を動かし続けるには力を**つね**に加えなければならないと考えていました．そして，力を加えなければ物体は止まると考えました．普通に観察すれば，確かにこのような考えが支持されるようにみえます．例えば，空き缶を蹴っても，そのうち止まってしまいます．しかし，空き缶を止まらせるものは，アスファルト道と空き缶との間の摩擦力です．つまり，第 1 法則を成立させる条件を破るものは，摩擦力のようなそれほど**自明**ではない力なのです．

　物理学，そして一般に，科学というものは「常識」の破綻するいろいろなケー

スで満たされています．しかし，量子力学には，古典物理学が適用される日常の世界で正しいと確認されている古典的な概念や常識が破綻していると思わせる事実があります．このような破綻は，私たちの普通の経験から随分かけ離れたミクロな領域で一般に生じます．しかし，あとの章で説明するように，大きなスケールの領域でも破綻が生じる場合があります．

2.2 量子コイン

　まずはじめに，水平な台の上でコインを投げる簡単な実験を考えてみましょう．1回の実験につき，結果は**表か裏**という2つの可能性があります．次の文章を考えてみましょう．「もし，1個のコインが台の上にあり，表か裏のどちらかを見せているならば，コインは台の上で表を見せているか，コインは台の上で裏を見せているかのどちらかであることになる」．この結論は，かなり自明のようにみえるので，この文章の論理は否定できないように思えます．このようなタイプの論理的な文章を作るのは簡単です．なぜなら，接続語の **and** と **or** の使い方を知っているからです．また，言うまでもないことですが，コインを**観測する**という行為は，コインが表になるか裏になるかということには何も影響を与えません．つまり，コインの表か裏かという状態は，客観的に**確定して**いるのです．

　対照的に，もしコインが量子力学的なものであれば，いま述べたような単純な論理的記述はあてはまらなくなります．量子の世界では，2つの**量子状態**（**状態ベクトル**ともいいます）を使って，コインの状態の測定結果が表せます．コインが表（head）であれば，その状態を $|h\rangle$ で表し，コインが裏（tail）であれば，その状態を $|t\rangle$ で表します．ここで，角ばった括弧（ブラケット bracket）$|\ \rangle$ は**ケット**（ket），あるいは**ケットベクトル**（ket-vector）として知られているもので，ケットの中のラベル（いまの場合は h か t）は量子系の状態を指定するものです[†3]．

[†3] ケット，あるいはケットベクトル $|\ \rangle$ は，量子力学の創始者の一人，ディラック（Dirac）が1920年代後半に導入したものです．彼はまた $\langle\ |$ で表すブラベクトルとよばれるものも導入しましたが，本書ではこれを使うのは避けます．ブラとケットの呼称は，平均を表すときに使われる $\langle\ \rangle$ で挟んでブラケットをとる，という概念から生まれました．そして，$\langle\ |\cdots|\ \rangle$ のように分ける

ケットベクトルは数値をもった量ではありません．$|h\rangle$ と $|t\rangle$ は，コイン投げによって生じる可能な状態を表します．これら2つの状態は，系のもっている物理的な性質（この例では，コインが表か裏を示すという性質）の測定結果を表す状態の例です．これらの結果は，古典的なコインで生じうる結果とまったく同じです．もし，コインが表であれば，その状態は $|h\rangle$ であり，コインが裏であれば，その状態は $|t\rangle$ です．つまり，ケット記号の中のラベル（h と t）はコインに関する情報を表しています．

しかし，本当の**量子コイン**は，2つの可能な状態を加えた**重ね合わせ状態**（superposition）（これを $|S\rangle$ で表します）である**かもしれません**．重ね合わせ状態の具体的な例は

$$|S\rangle = \frac{1}{\sqrt{2}}|h\rangle + \frac{1}{\sqrt{2}}|t\rangle = \frac{1}{\sqrt{2}}\bigl(|h\rangle + |t\rangle\bigr)$$

です．この例では，ケット内のラベル S はコインの状態の情報を示しています．つまり，この場合は，表の状態と裏の状態の**重ね合わせ**です．すぐ述べるように，このプラス記号（+）は，算術計算でのプラスの意味でも，コインの状態が同時に表と裏であるという意味でもありません[6]．このプラスの意味は，いずれ明らかになります．2つのケットの前にある $1/\sqrt{2}$ という数は，生じうる測定結果に関係した**確率振幅**という量で，確率振幅の2乗がそれぞれの測定結果を得る確率になります．この特定の状態において，h を得る確率と t を得る確率はともに $1/2\ (= (1/\sqrt{2})^2)$ です．この2つの確率を加えると，1 になることに注意してください．これ以外にも可能な重ね合わせ状態を考えることができますが，それらはすべて

$$|S\rangle = a_h|h\rangle + a_t|t\rangle$$

で表せます．振幅 a_h と a_t の2乗の和は 1，つまり，$a_h^2 + a_t^2 = 1$ でなければ

という考えから生まれました．ディラックは，控えめに言っても，非常に変わった人物でした．このことに関しては，本章の参考図書に挙げている，ファーメロ（Farmelo）著「ディラックの伝記（*the biography of Dirac*）」を参照してください．

[6]（訳注）簡単にいえば，この + は「どちらもが起こる」という重ね合わせ状態の性質を表現する記号です．単純に「または」という意味をもっていると思えばよいでしょう．この例では，$|S\rangle$ は $|h\rangle$ であるか，または $|t\rangle$ であるという意味です．なお，重ね合わせ状態に使われるマイナス記号（−）も基本的には同じ意味です．

なりません．これは，それぞれの可能な結果の出現確率の和が1でなければならないことを意味しています†4．

記号 $|\ \rangle$ をケットベクトルとよんできましたが，その理由をまだ話していません．**ベクトル**という用語は，**大きさ**と**向き**をもった量を意味します．**速度**はベクトルの例です．これは，大きさ（どれくらい速く動くか，あるいは，その**速さ**）とその向きによって指定されます．時速60マイルの北向きの速度は，東向きの時速60マイルの速度とは異なります．なぜなら，速さは同じでも，向きが異なるからです．

一方，もし速度が図2.1のように30°北東に向いた時速60マイル（60 mph）であ

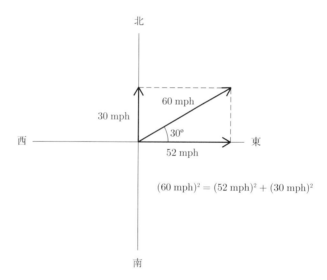

図 2.1　北東 30° に向いた時速 60 マイル（60 mph）の速度ベクトルは東向きに時速 52 マイル（52 mph），北向きに時速 30 マイル（30 mph）の成分をもっている．

---

†4 実際は，確率振幅は複素数です．複素数 a は $a = x + iy$ という形をとります（$i = \sqrt{-1}$）．もし a が確率振幅ならば，その関連した確率は $|a|^2 = x^2 + y^2$ で与えられます．確率なので，この数は1以下です．そのため，a_h と a_t が複素数である場合には，$a_\mathrm{h}^2 + a_\mathrm{t}^2 = 1$ を $|a_\mathrm{h}|^2 + |a_\mathrm{t}|^2 = 1$ という書き方にしなければなりませんが，煩雑なので，本書ではこの書き方をあまり用いないことにします．

れば、東西方向に沿って速度は $60\,\mathrm{mph} \times \cos 30° = 52\,\mathrm{mph}$ であり、南北方向に沿って $60\,\mathrm{mph} \times \sin 30° = 30\,\mathrm{mph}$ であるといいます。このような数 $(52\,\mathrm{mph}, 30\,\mathrm{mph})$ を、この速度ベクトルの**成分**といいます。ピタゴラスの定理（直角三角形の各辺の 2 乗の和は斜辺の 2 乗に等しい）より $(52\,\mathrm{mph})^2 + (30\,\mathrm{mph})^2 = (60\,\mathrm{mph})^2$ が成り立つことに注意しましょう。

これから、**ベクトル空間**の概念を得ることができます。しかし、それは必ずしも普通の物理的な空間の向きと結びつける必要はなく、完全に数学的な空間として考えることができます。そして、問題にしている系の記述に必要な属性がすべて確保できるように、ベクトル空間の次元を大きな数に広げることができます。

量子コインのコイン投げ実験の場合、可能な結果を表す $|\mathrm{h}\rangle$ と $|\mathrm{t}\rangle$ の 2 つのケットベクトルに対応して、2 次元のベクトル空間を考えます。この抽象的な空間で、2 つのケットベクトルは、直交する 2 つの「方向」を向いていると考えることができます。速度の例でいえば、南北と東西の 2 つの方向に相当します。そして、$52\,\mathrm{mph}$ と $30\,\mathrm{mph}$ の数値が速度ベクトルの成分を表すように、確率振幅 $a_\mathrm{h}, a_\mathrm{t}$ もベクトル $|\mathrm{S}\rangle$ の**成分**を表すと考えます。図 2.2 に、この考え方を示しています。ここで、a_h と a_t には $a_\mathrm{h}^2 + a_\mathrm{t}^2 = 1$ という条件がついています。この場合も先ほどと同様に、表を得る確率は a_h^2 で、裏を得る確率は a_t^2 です。そして、コイン投げ実験で得られる結果はこの 2 つだけなので、この 2 つの確率を加えると必ず 1 になります。

量子コインの場合でも、コイン状態の測定結果として、状態 $|\mathrm{h}\rangle$ と状態 $|\mathrm{t}\rangle$ はそれぞれ明確な意味をもっています。しかし、重ね合わせ状態 $|\mathrm{S}\rangle$ の量子コインについては、何が言えるでしょう？ そもそも、**重ね合わせ状態とは何を意味するのでしょう？** 説明は簡単ではありません。なぜなら、現実のコインは古典的な物体なので、決して重ね合わせ状態などありえないからです。

いまから、重ね合わせ状態の説明を本物の量子現象に基づいてわかりやすく説明しますが、みなさんが納得するまでにはしばらく時間がかかるでしょう。

まず、古典的に振る舞う現実のコインの話から始めます。コインがまがいものでなければ、コインを投げて表か裏がでる確率はそれぞれ 1/2 です。現実のコインの状態は、量子力学の用語を使えば、**混合状態**または**統計的混合**という

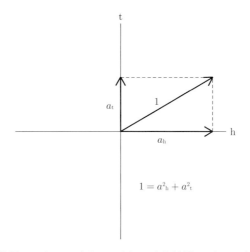

図 2.2 状態ベクトル $a_h |h\rangle + a_t |t\rangle$ の確率振幅 a_h と a_t はベクトルの成分である．そして，これらの成分には振幅の 2 乗の和が 1 になるという制限がついている．

もので（これを「混合」で表します）

$$\rho_{混合} = \begin{cases} \frac{1}{2} & (|h\rangle \text{のとき}) \\ \frac{1}{2} & (|t\rangle \text{のとき}) \end{cases}$$

のような記号で表されます（ρ はギリシャ文字でローと読みます）．ここでの記号 $\rho_{混合}$ は，コインの h か t を得る確率が 1/2 であることを意味します．この記号を使って，コインを投げ上げた**直後**から観測する**直前**までのコインの状態が，1/2 の確率をもった h または t であることを表すことにします．この場合，ここには確率振幅は存在せず，ただ確率だけがあることになります．このため，混合状態は確率的な性質をもっていますが，量子力学に固有なものは何もありません．いまの場合，コインの確率（h と t がそれぞれ 1/2 で現れる確率）だけを知っていれば，コインの状態は（h か t に）客観的に確定していると断言できます．

これに対して，重ね合わせ状態 $|S\rangle$ のコインは，表か裏かに関して確定した状態をもっていません．というよりは，誰かが，あるいは，何かで，実際に測

定(つまり,見てみること)を行うまでは,このような(hかtかという)結果に関する属性は,客観的に**不確定**(あるいは,**非決定**)なのです.要するに,測定をするまでは,コインの状態は表か裏かわからないというだけではなく,コインは表か裏かというはっきり定義された属性もまったく持っていないということです.このような状態が,表と裏の状態の**重ね合わせ状態**なのです.

したがって,これらの確率に関しては,コインはどっちつかずで,コイン状態に客観的な実在はありません.このような非常識的なことを考えなければなりませんが,重ね合わせの状態とはこういうものです,としか言いようがありません.事実,私たちが明確に断言できることは,これこそが**重ね合わせの状態**だということだけです.量子力学的な重ね合わせ状態の粒子がもっている属性を,普通の言葉で述べようと努力しても,うまくいかないのが現実なのです.

ある観測量に関して,物体が可能な状態の重ね合わせのなかに存在するという考え方は,確かに私たちの「常識」を破ります.さらに,量子力学の通常の解釈によれば,観測行為がこの不確定性を1つの確定した状態(表か裏か)に**収縮させる**ことになります.この重ね合わせのもつ不確定性と,状態ベクトルの収縮の概念こそが,量子力学に対する**コペンハーゲン解釈**の本質です[¶7].この名前は,その都市がボーア(Bohr)や彼の学派と密接につながっているために付けられたものです.

本書を通じて,コペンハーゲン解釈について多くのことを述べますが,もし前述したものすべてがナンセンスに思えるならば,それはふだん使う本物のコインが量子力学の法則で記述されないためかもしれません.本当のところ,上述の議論だけでは,なぜこのような入り組んだ考え方をしなければならないのか,その理由がまったくわからないでしょう.表と裏の重ね合わせ状態にあるコインが,一体どのようにして観測される結果になるのかを想像するのは困難です.ただし,投げ上げたコインが着地する机の面を,例えば,宙返りしているコインと相互作用する一種の測定装置だと想像することはできるかもしれま

[¶7] (訳注)コペンハーゲン解釈では,「語るべきものは実験結果に限定すべきである」というのが中心的要素です.8.2節にコペンハーゲン解釈の要約がありますが,解釈のベースは「確率解釈」,「波の収縮」,「実在性の否定」,「完全性(隠れた変数が存在しないこと)」から成り立っています.これらを念頭において本書を読めば,理解しやすくなるでしょう.

せん．

　コインが静止するときは，コインは1つの状態でなければなりませんが，それは，表か裏のどちらかです．ふだん使用している本物のコインは，机の上に**静止する前に**，どちらの面を上に向けるか決めているはずだと私たちは考えます．しかし，量子力学のコペンハーゲン解釈に従えば，量子コインは，机の面上に**静止するまで**，確定した面を現さないことになります．この2つのシナリオの微妙な違いが最も重要なのです．

　一見，曖昧に思える量子力学のコペンハーゲン解釈の必要性を十分に理解するには，本当に量子力学的な系の振る舞いを議論しなければなりません．そのためには，私たちをミクロな世界の奇妙な描像へと余儀なく向かわせる，本当の実験を示さなければなりません．重要な点は，コペンハーゲン解釈がいわば何もない虚空から生まれたものではないこと，ましてや，ある種の哲学的な発想から生まれたものでもないことを理解することです．コペンハーゲン解釈は，私たちの「常識的」な概念では説明できない現象との対峙から生まれたというべきかもしれません．

　したがって，コペンハーゲン解釈とは，これから解説するさまざまな実験の中で明かされていったミクロ世界の性質を，私たちにわかる言葉で記述しようとした実践的な試みといえるでしょう．しかし，たとえこの解釈に内部的矛盾がなくても，古典的な観点（あるいは少なくとも「常識」）からは，コペンハーゲン解釈を本当に**理解する**ことは難しいでしょう．

　ちなみに，コンピュータのような最近のデジタル技術は，ビット（bits）（バイナリ・ディジット，binary digits を縮めた用語）とよばれる離散的な単位で情報を蓄えたり，操作したりするための従来型電子デバイスの能力がその基礎にあります．そこでは，1ビットは区別できる2つの値の1つで表されますが，普通，その2つの値には0と1が使われます．物理的には，このビットは異なる電圧レベルで表します．しかし，ある系の区別できる量子状態を使ってビット（実際には**キュービット**（qubits, quantum bits を縮めた用語）といいます）が表現できれば，新しいタイプの計算技術が可能になります．これが「量子計算」です．キュービットの重ね合わせの威力により，量子コンピュータは（もし，作られたならば）従来型のコンピュータとはまったく異なる仕方で，高速

2.3 重ね合わせ？ 混合？

みなさんには，重ね合わせの状態

$$|S\rangle = \frac{1}{\sqrt{2}}\Big(|h\rangle + |t\rangle\Big)$$

と混合状態

$$\rho_{混合} = \begin{cases} \frac{1}{2} & (|h\rangle \text{のとき}) \\ \frac{1}{2} & (|t\rangle \text{のとき}) \end{cases}$$

の実質的な違いが，よくわからないかもしれません．なぜなら，上で議論したことに従えば，重ね合わせの状態であろうと混合状態であろうと，コインを測定すると，1/2 の確率をもって表か裏かのどちらかの結果になるからです．

確率は，いかさまのないコインを使って測定を繰り返せば，検証できます．例えば，実験を 1000 回行うと，およそ 500 回が表になり，裏も同程度に現れます．確率は，表や裏の出現回数を実験の総回数で割った比で定義されます．実験回数を増やしていけば，比は予言された確率の値に近づきます．それでは，重ね合わせの状態と混合状態の違いは，一体どうやって区別できるのでしょうか？

この問いに対する部分的な答えは，**干渉**現象です．つまり，量子的重ね合わせの状態は干渉という現象を起こしますが，混合状態は干渉を起こしません．このため，干渉現象の説明が必要になるでしょう．

古典物理学の世界では，干渉は波動に固有な現象です．粒子には関係しません．しかし量子の世界では，たとえ粒子であっても干渉が明らかに生じます．次節で，古典的な波動現象を説明し，そして，干渉の概念を導入しましょう．

2.4 光と波，そして，干渉

まず光の古典的な描像から始めましょう．ジョンソン（Samuel Johnson）の言葉に従えば，「私たちは光が何かを**知っている**．しかし，それが何であるかを**説明する**のは容易ではない」．ここで，光の認識に関する歴史を振り返るつもりはありませんが，ニュートンが光を粒子の流れであると考えていたことを，指

2.4 光と波，そして，干渉

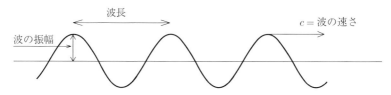

図 2.3 光の速さ c で動く波の形．波長 λ は連続する山の間の距離である．周波数 f（図示されていない）は 1 秒間にある 1 点を通過する山の総数である．波の振幅は山から谷までの距離の半分である．

摘する価値はあります．そして，彼はその粒子を**微粒子**（corpuscles）と名付けました．一方，ホイヘンスや他の人々は，光が障壁（バリヤー）の端から回り込んで伝搬するのを観測して，光を一種の波動現象であると考えました．このプロセスが**回折**とよばれるもので，粒子では生じない現象です．

光の波の性質は，ヤングによって 1802 年になるほどと思わせる実験で示されました．ヤングは光が**干渉**を起こすことを示しました．干渉は，波に関係した現象としてよく知られています．干渉はこれからの話で最も重要になるので，この効果の原因を簡単な波の絵を用いて説明しましょう．波を図 2.3 に示すような形をもったサイン波形の**横波**とします．**横波**というのは，波の伝搬方向に対して振動が垂直であるという意味です．図 2.3 の波は**一連の波**の 1 部分を描いただけで，実際には，左から右へ矢印で示す方向に動いていると考えてください．

さて，いくつかの用語を導入しましょう．波の伝搬方向に沿った一連の波において，波の山と次の山との距離を**波長**（記号 λ で表します）とよびます．1 秒間にある点を通過する山の数を**周波数**（記号 f で表します）とよびます．

光の波の場合，観測者から見た波頭の速さは光の速さで，これを小文字 c で表します．その値はおよそ 300,000 km/s です．速さと波長と周波数の間には，簡単な公式 $\lambda \times f = c$（もっと簡単に $\lambda f = c$）が成り立ちます．可視光の波長はおよそ 400 nm（ナノメートル）から 700 nm までの範囲です．私たちは目と脳を通して，光の波長を色として感じます．波長 400 nm の光は紫に，700 nm の光は赤に見えます．他のすべての色は，異なる波長に対応します．そして，波長の変化とともに 1 つの色は徐々に他の色に移っていきます．

第 2 章　粒子と波の二重性：電子の二重人格

　もちろん，水面の波の場合には，速度はもっと小さくなり，波長はもっと長くなります．波の速度が同じである限り，波長と周波数の間には反比例の関係があることに注意しましょう．つまり，波長（周波数）が大きいほど，周波数（波長）は小さくなります．振幅は，振動のゼロ点から測った波の高さで，波の進行方向に垂直に振動する波の最大変位の大きさを表します．

　いま 2 つの波が重なるとき，重なるすべての点における垂直方向の波の変位が，足し算か引き算によって，合成波を作ります．これが，元の 2 つの波の重ね合わせです．この新しい合成波がどのように見えるかは，元の 2 つの波の間の**位相**関係に依存します．位相関係とは，2 つの波の山と谷がどのように重なり合うかを教えるものです．

　完全に重なっている場合，波は**同位相**であるといいます．そして，合成波は

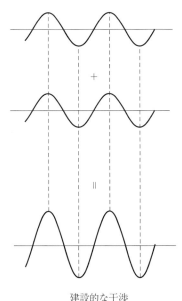

図 2.4　2 つの波が同位相で重なるとき，つまり山と山が揃い，谷と谷も揃っているとき，振幅は足し合わさって建設的な干渉を生じる．

2.4 光と波，そして，干渉

図 2.4 に示すように，元の波の振幅の和に等しい振幅をもつことになります．これを**建設的な干渉** [8] といいます．

一方，波の山がもう一方の波の谷と一致するように，2 つの波が重なるとき，波は**逆位相**であるといいます．その結果は，山と谷は逆向きなので足し合わせると打ち消しあいます．この状況は，元の波が同じ振幅をもっている場合について図 2.5 に示しています．これを**破壊的な干渉** [9] といいます．

もし波が厳密には同位相でも逆位相でもなければ，図 2.6 に示すように，**部分的な打ち消し**が起こります．

干渉効果は水面で簡単に見ることができます．2 個の小石をプールの水面に向かって，少し離れた場所に同時に着水するように投げると，図 2.7 のように，同心円状の波が 2 個の着水点から広がっていきます．各実線の円は波の山を表し，各破線の円は波の谷を表します．山が重なるところでは建設的な干渉を，山と谷が重なるところでは破壊的な干渉になっています．

もし，光が波であれば，**何が波打っているのだろう**と質問したくなるのは当然でしょう．光の波は，振動している電場と磁場から作られていることがわかっています．そして，電場と磁場は空間を（たとえ真空中であっても）自由に伝搬します．電場は荷電粒子から作られ，磁場は荷電粒子の**運動**（つまり，電流）から作られます．電場や磁場は，荷電粒子や電流の周りの空間に満たされています．その空間のなかで，他の荷電粒子を運動させれば，荷電粒子の運動に影響を与えるので，電磁場の存在が確認できます．急速に振動する電荷は，電磁波を生じます．その電磁波は，図 2.8 のように，電場と磁場が互いに直交しながらサイン関数的に振動します．

私たちの目（正確には，目の光受容細胞）は，400〜700 nm までの領域の光を感じます．この領域の光が電磁波の可視光部分です．実際には，電磁波のスペクトルはもっと広くて，（原子核から放射される）ガンマ線，X 線，紫外線，可視光，赤外線，そしてラジオ波など，すべて基本的に同じ電磁波です．これらの違いはただ波長と周波数の違いだけです（ここに挙げたスペクトルの並び方は，波長の大きくなる順です．同じことですが，周波数の小さくなる順です．

---

[8] （訳注）プラスの干渉ともいいます．
[9] （訳注）マイナスの干渉ともいいます．また，相殺的干渉ということもあります．

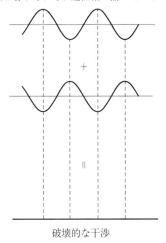

図 2.5　2つの波が逆同位相で重なるとき，つまり山と谷が一致するとき，振幅は打ち消しあって破壊的な干渉を生じる．

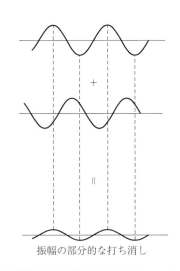

図 2.6　2つの波が厳密には同位相でも逆位相でもない場合に重なるときは，振幅の部分的な打ち消しが生じる．

2.4 光と波,そして,干渉

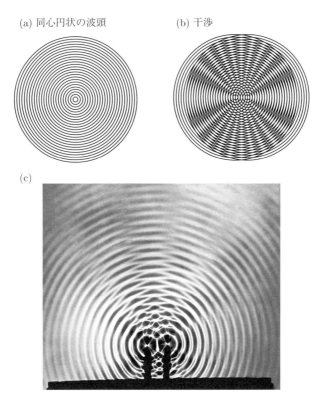

図 2.7 (a) 静かな水面に 1 個の小石を投げ込んで生じた同心円状の波頭を示している.(b) 2 個の小石を同時に投げ込んだとき,それぞれの小石から生じた波の合成が干渉パターンを引き起こす.(c) 2 つの同心円状の水面波によって生じた干渉の写真.

図 2.8 電磁波は伝搬の進行方向に垂直に,そして,互いに直角に振動している電場と磁場から構成される.電場の振動の向きは偏極の方向を定義する.

第 2 章　粒子と波の二重性：電子の二重人格

つまり，周波数が大きいほど，波の運ぶエネルギーはより大きくなります）．

　光の波の電場が振動する方向を**偏極の方向**，あるいは単に**偏極**といいます．太陽や白熱電球などの普通の光源は，偏極していません．つまり，図 2.9(a) に示すように，電場は勝手な方向に振動しています．（偏光サングラスに使われる物質で作られている）偏極フィルターを使えば，特定の偏極方向をもった光以外は，ビームからすべて取り除くことができるので，偏極ビームが作れます．

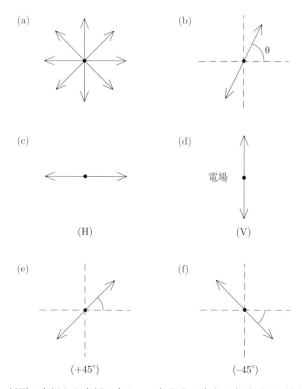

図 2.9　紙面の裏側から表側に向かって伝搬する光を，真正面から見たときの光の偏極．(a) 異なる（実際はランダムな）偏極をもった光線の集合の図．(b) 水平方向に対して θ だけ傾いた光線．(c) 水平方向 (H) の偏極をもった光線．(d) 垂直方向 (V) の偏極をもった光線．(e) 水平から $+45°$ の偏極をもった光線．(f) 水平から $-45°$ の偏極をもった光線．

2.4 光と波，そして，干渉

偏極の向きは，図 2.9(b) に示すように，フィルターの傾きで決まります．この場合，光は水平方向に対して角度 θ だけ偏極します．あとの参考のために，図 2.9(c)～(f) に特別の角度の場合を示します．$\theta = 0°$ は水平 (H) です．$\theta = 90°$ は垂直 (V) です．そして，$\pm 45°$ の偏極です．ちなみに，ほとんどのレーザーは偏極した光を発生します．これからの議論において，光は偏極していると仮定しますが，偏極の向きはそれほど重要ではありません．

光の波長は，水の波長に比べて非常に短いので，干渉を観測するには巧妙な方法が必要です．図 2.10(a) に示すヤングの実験を説明しましょう．光ビームは 1 番目の障壁のスリットを通り，2 番目の障壁の 2 つのスリットに到達します．この 2 つのスリットは 1 番目のスリットから等距離にあります．2 つのスリットを通ったビームは，スクリーンに到達して明暗交互の帯を作ります．この帯は干渉によって現れたものです．これを**干渉縞**といいます．

このような縞が現れる理由を説明しましょう．まず，2 番目の障壁の 2 つのスリットから生じた 2 つの光線は，互いに同位相になります．なぜなら，2 つの光線は，2 つのスリットから等しい距離のところにある 1 番目の障壁のスリットを共通の光源にしているからです．次に，2 つのスリットからの光は広がり，すべての方向に伝わっていきます．仮に，図 2.10(a) のスリットとスクリーンを消せば，ちょうど，水面に同時に着水した 2 個の小石から発生した波動と同じ状態になります．

したがって，スクリーン上の各点は 2 つのスリットからの光を受けますが，図 2.10(b) のように，2 つの波の進行する距離は異なります．その場合，スクリーン上のある点では，スリットからの 2 つの光の波は同位相になり，建設的な干渉によって明るい縞を作ります．また，スクリーン上の別の点では，光の波は逆位相になって，破壊的な干渉が生じ，暗い縞を作ります．光の波が厳密に同位相でも逆位相でもないようなスクリーン上の点は，部分的な干渉が起こります．そのため，明るい縞と暗い縞が互いに混ざりあってきます．図 2.11 は，ヤングの実験で得られた干渉縞の写真です．ただし，光源はレーザーを使っています．

ちなみに，次のようにすれば，みなさんは自分自身で干渉縞を見ることができます．まず，レーザーポインターでスクリーンを照らしてみましょう．それ

第 2 章　粒子と波の二重性：電子の二重人格

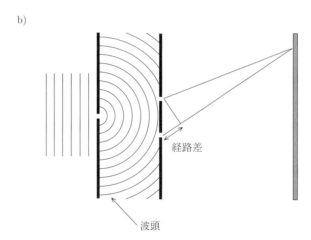

図 2.10 ヤングの実験．(a) 単一の光源から発した光が到達する 2 つのピンホールあるいはスリットが，干渉縞を生じる波の組を作る．(b) スクリーン上の任意の点での干渉縞の性質は，その点と 2 つのピンホールとの経路差に依存する．

から，レーザー光に髪の毛をかざします．そうすれば，髪の毛の両側を通過する光によってスクリーン上に干渉縞が現れます．ただし，この実験では，**絶対にレーザー光を直視しないように！**　他の方法として，目の前に髪の毛をもっ

2.4 光と波，そして，干渉

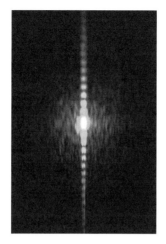

図 2.11 レーザー光を使ったヤングの 2 重スリット実験による干渉縞の写真．

て遠くの街路灯を見れば，もっと直接的に干渉を見ることができます．

おそらくもう一度，強調しておいたほうがいいことは，この干渉実験の説明に含まれるものすべてが古典的な概念だということです．つまり，干渉はすべて波に固有な現象です．

一方，粒子の場合は，広い領域に広がっていく波とは明確に違って，粒子は局在しています．そのため，粒子を使った実験で干渉効果を期待することはできません．波と粒子の違いを際立たせるために，本質的に上述した実験装置と同じものを使って，粒子を 1 個ずつ 2 重スリットを通過させることを考えてみましょう．

これをドラマティックにするために，粒子を弾丸，発生源をマシンガンにして，弾丸が通れるだけの細い幅のスリットを 2 つもった鉄板を想像しましょう．マシンガンは弾丸の雨を鉄板に降らせます．図 2.12 に示すように，鉄板の後ろのほうに厚い木製の**スクリーン**があり，スリットを通過した弾丸を受け止めるとしましょう．さて，いまスリットの 1 つを小さな鉄板でふさいだとします．そうすれば，スクリーン上に集まる弾丸はもう一方のスリットだけを通過したものであると保証できます．もし，マシンガンを多数回発射すれば，通過したス

第 2 章　粒子と波の二重性：電子の二重人格

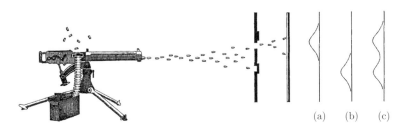

図 2.12　弾丸を使ったヤングの実験．鉄板の下側の穴を閉じれば，通り抜けた弾丸すべては，(a) のように開いた穴の向かい側に山を築く．もし上側の穴を閉じて，下側を開けば，(b) のように下側の穴の向かい側に山を築く．もし両方の穴を開けば，(c) のように両方の穴の向かい側に山を築き，干渉パターンはできない．

リットの真正面にある木製スクリーンにめり込んだ弾丸の山が見つかるでしょう（図 2.12(a)）．

今度は，このスリットを閉じて，もう一方を開いて同じ実験をすれば，明らかにスクリーン上にまったく同じことが起きます（図 2.12(b)）．しかし，両方のスリットを開くと，図 2.12(c) のように，2 つの山が部分的に重なるだけで，光の波の実験のような干渉縞はまったく現れません．ついでに言えば，マシンガンのように一度にたくさんの弾を発射できないピストル¶10 に変えても，この実験結果が変わらないのは明らかです．マシンガンを使うのは，ただスクリーン上に素早く弾丸の山を築くためです．干渉縞が現れない理由は，弾丸が波ではなく粒子であるという事実，そして，スリットを 1 つずつ通過しているという事実のためです．でも，こんな理由は**常識**でわかります．要するに，粒子は干渉効果を生じません．

常識はそうですが，もしかして，粒子でも干渉を起こすことがあるでしょうか？　1924 年あらゆる実験に先駆けて，電子のような粒子でも波の性質をもつかもしれないというアイデアが，フランス人のド・ブロイ（de Broglie）によって提唱されました．このアイデアは，自然は対称的であるかもしれないの

¶10　（訳注）ここで，1 個ずつ弾丸が飛び出すようなピストルに言及しているのは，このあと，1 度に 1 個の電子だけを使った干渉実験との対比を強調するための伏線でしょう．

で，物質粒子も波のような性質をもつかもしれないというものです．そして，これは，光が波のような性質と粒子のような性質（光の粒子的な性質，**光子**という粒子，はあとの章で話します）の両方をもっているという事実に示唆されたものでした．

そして，ド・ブロイは粒子に付随した波長が $\lambda = h/p$ のような簡単な関係で与えられることを予言しました．この h はプランク定数で，p は粒子の運動量です．粒子の運動量は，粒子の質量と速度の積です．1925 年に，アメリカの物理学者でベル研究所にいたデヴィッソン（Davisson）とガーマー（Germer）が，ニッケル原子の結晶に電子線を照射する実験によって電子の波動性を発見しました．干渉縞は，散乱された電子のパターンで観測され，そのときの波長はド・ブロイの予言と良い一致を示しました．

デヴィッソン–ガーマーの実験では，結晶に照射した電子ビームはたくさんの電子を同時に含んでいました．しかし，上述した 1 度に 1 個の弾丸実験をまねて，1 度に 1 個の電子を使いながら干渉実験を行ったら，一体何が生じるでしょうか？　この場合にも，干渉は起こるでしょうか？

🐾 2.5　電子を使った干渉

分かれ道に来たら，とにかく進もう

ヨギ・ベラ（Yogi Bera）　¶11

もちろん，弾丸は古典的な物体です．これは巨視的なので，古典力学の確立した法則に従います．さて，いまから電子を考えましょう．電子も粒子です．電子は電荷をもっているので，その動きは電場と磁場によって制御されます．これが，旧式のテレビ管やコンピュータのモニター（新しいフラット画面ではありません）で，画像を作るための方法です．電子は，図 2.13 のような軌跡をウイルソン霧箱を通り抜けるときに生じるので，間接的に検出できます．この軌跡はまさに線なので，波動と関係しているようには見えません．むしろ，電子

¶11　（訳注）アメリカ・メジャーリーグベースボールの捕手（1925–）で，彼の独特の発言はヨギイズムとよばれています．ここの言葉は，「決断をためらって立ち止まるより行動するのが一番だ」という意味です．

第2章　粒子と波の二重性：電子の二重人格

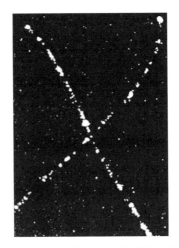

図 2.13　ウイルソン霧箱で撮った電子の軌跡の写真.

の粒子的な性質を支持する証拠に思えます.

電子は素粒子で，下部構造をもちません（つまり，他の粒子でできた複合粒子ではありません）. そのため，第1章で述べたように，電子はまったく大きさをもたず，数学的な点と同じ次元をもっているように見えます. ある意味で，電子こそ粒子を代表するものです. 現在の最も正確な素粒子論における量子電磁力学（QED, quantum electrodynamics）の計算では，電子は点粒子であるという仮定がなされています. そして，QEDの計算は実験結果とおよそ10億分の1まで一致しています. この事実こそ，電子がまさに点粒子であるという確信を抱かせるのに十分な証拠です.

2.6　1回に1個だけの電子による干渉

さて，今度は電子を使って，2重スリット実験をしましょう. 電子の波動性は，1920年代以降さまざまな実験で観測されてきました. そして，上述した弾丸を使った実験に類似した実験，つまり，1回に1個の電子を使った実験も，**思考実験**として20年代からたくさんの書物で扱われてきました. しかし，驚くべきことに，この思考実験が現実の実験として初めて行われたのは，1989年のこ

2.6 1回に1個だけの電子による干渉

とで,この実験を行ったのは日本の日立中央研究所の外村 彰たちのグループでした.

実際の実験には,平行なスリットのついた障壁を使わずに,2重スリットと等価な**電子線バイプリズム**という装置を組み込んだ電子顕微鏡が使われました.この装置は,図2.14に示されているように,平行板とその間の細いワイヤで構成されています.アースされている2枚の板に対して,ワイヤは正電荷をもっています.図2.14の電子ビームのように,電子は装置を通過するときに,このワイヤで偏向されて,蛍光フイルム面上で光のパルスを発生します.つまり,1個の電子ごとに1パルスが生じます.この光パルスは,特別なTVカメラで連続的に撮影され,フイルム面上の1つ1つの電子の衝突場所がモニターに表示されます.

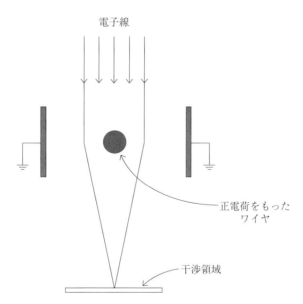

図 2.14 外村たちが1回に1個の電子を使って干渉を示した装置の図.装置は電子線バイプリズムとよばれている.平行板は電気的にアースされており,中央のワイヤーは正電荷をもっている.電子にはたらく電気力で,電子は干渉領域に集められる.

実験は，1回ごとに電子が電子源とフィルムの間に1個の電子しか存在しないようにするため，電子線の出力を十分低くして行われました．これは，本質的には1回に1個の弾丸を発射するピストルと同様の状況です．そのため，スクリーン面上の電子のパターンは，2つのスリットを開いた場合の弾丸のパターンに似ているはずだと思うでしょう．でも，そうではありません．

図2.15は，異なる時間に撮ったモニター画面の写真で，フィルム面上に山積する電子の数を増やしていったものです．図2.15(a)の写真はわずか10個の電子，(b)は100個の電子，(c)は20,000個，そして(d)は70,000個の電子です．10個の点だけでは何もパターンは認識できず，100個になっても同様です．しかし，20,000個の電子が山積すると少しパターンが見えてきて，70,000個くらい電子がフィルム上に集まると，干渉パターンが明瞭に現れます．

電子ビームのなかの電子が，装置を1回に1個だけ通過するとき，干渉パターンは一体どのように生まれるのでしょうか？　明らかに，電子は弾丸のようには振る舞ってはいません．さらに，干渉パターンが電子同士の少なくとも直接的な相互作用から生じることもありえません．なぜなら，どんなときにも，電子源とフィルムの間にはたかだか1個の電子しか存在しないからです．

ここが謎です．それは，電子が1回に1個だけ装置を通り，電子同士が互いに影響を与えるようには思えないときに，電子の**集団的**な振る舞いに関係する干渉パターンがどのようにして生じるのか？　これは本当に奇妙です．

1個の電子はとにかくワイヤの**両側**を同時に通り，そして，自分自身と干渉することがありえるのでしょうか？　これに答えるのは難しいですが，実験結果から少なくとも推論できることは，電子は点粒子かもしれないが，**古典的**な点粒子のようには振る舞わないということです．どうやら，電子は粒子であるという事実（電子はフィルム上の点として**観測される**ことに注意）にもかかわらず，電子の振る舞いのなかには波動的なものがありそうです．このような現象は，弾丸のような巨視的な粒子の振る舞いのなかで観測されることはありません．では，電子には，一体何が起こっているのでしょうか？

粒子（電子）が波のような振る舞いをするという事実は，量子に関係した**波動関数**という概念に私たちを自然に導きます．この波動関数はψ（プサイと読みます）で表されます．波動関数の概念は，歴史的には，ド・ブロイが粒子の波

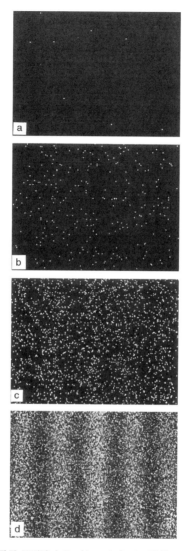

図 2.15　1回に1個の電子が到達するプレート上で，干渉パターンが形成されていく過程の写真である．(a) から (d) までの写真は，プレート上に山積する電子の数を増やしていきながら撮影したものである．(a) はわずか 10 個の電子，(b) は 100 個の電子，(c) は 20,000 個，そして (d) は 70,000 個の電子である．たとえ，電子が規則正しく間隔を十分にあけて，図 2.14 の 2 重スリットを 1 個また 1 個と通り抜けても，十分な数の電子がプレート上に集まれば干渉パターンが現れる．AIP の許可を得て掲載．

第 2 章　粒子と波の二重性：電子の二重人格

動性を提唱した直後に登場しました．1925 年，オーストリアの物理学者シュレディンガーは，もし粒子が波のように振る舞うならば，この波を記述する波動方程式が存在し，その方程式に付随する波動関数があるはずだと推論しました（この方程式が現在シュレディンガー方程式とよばれているものです）．波動関数の値は，空間の位置と時間に依存します．もし問題の粒子が空間のある領域に局在していれば，対応する波動関数はその領域内でゼロでない値をもち，領域外ではゼロになります．

量子的な波動関数は，たとえば，光の波における電場の波動とは異なり，直接的で物理的な意味をもっていません．電場は荷電粒子に本当の力を及ぼすことができる物理的な実体です．このような意味において，量子的な波動関数は力を及ぼすような物理的な実体ではありません．実は，量子的な波動関数は確率に関係した量で，空間のある領域で問題にしている粒子を見いだす確率を与えるものです．

厳密にいえば，一般に，波動関数は**複素**関数です．つまり，波動関数 ψ には虚数単位 $i = \sqrt{-1}$ をもつ項が含まれ，$\psi = \psi_R + i\psi_I$ という形をしています．ここで，ψ_R と ψ_I は**実関数**（$i = \sqrt{-1}$ を含まない関数）です[¶12]．ψ の**複素共役**を ψ^* と書いて定義します．これは ψ の中の i を $-i$ に置き換えたもので，$\psi^* = \psi_R - i\psi_I$ となります．粒子を見いだす確率は $\psi^*\psi$ に比例します．そして，$\psi^*\psi$ は $\psi_R^2 + \psi_I^2$ で与えられます．

一般に，$\psi^*\psi$ は $|\psi|^2$ と書かれ，波動関数の **2 乗**とよばれますが，この $|\psi|^2$ は本質的に確率を表す量です．波動関数自体は**確率振幅**とよばれるものに比例し，確率振幅の 2 乗が確率になります[†5]．この波動関数は，数ある確率**振幅**のなかの 1 つのタイプに過ぎません（すべての確率振幅が波動関数というわけではないのです）．量子力学の規則は，確率は**確率振幅の 2 乗**で決まるというものです．もう 1 つの規則は，始状態から終状態に至るすべての異なる経路に対して，それらに関係する確率振幅を足し合わせるというものです．

[¶12]　（訳注）複素数は実部（real part）と虚部（imaginary part）からできています．ψ_R は実部，ψ_I は虚部を意味します．

[†5]　厳密にいえば，$|\psi|^2$ は確率密度，あるいは空間の単位体積当たり，粒子を見いだす確率です．しかし，ここではこのような区別に関わり合う必要はありません．

2.6 1回に1個だけの電子による干渉

　この2つの規則を使って，外村グループの実験で観測されたスクリーン面上の電子の干渉パターンを説明してみましょう．量子力学による説明は次の通りです．フィルム面上の電子の波動関数 ψ は，2重スリットを通ってフィルムに到達する2つの可能な経路に付随した，波動関数 ψ_1 と ψ_2 の重ね合わせであるとします．それぞれの経路を同じ程度に取りうるとすれば，スクリーンに衝突する直前の電子の波動関数は

$$\psi = \psi_1 + \psi_2$$

という重ね合わせで表されます．議論がわかりやすいように，図 2.16(a) のようにスリット1を通る電子の波動関数を ψ_1，図 2.16(b) のようにスリット2を通る電子の波動関数を ψ_2 とします．スクリーンに衝突する前の任意の時刻で，1個の電子の位置は不確定です．この意味は，電子は観測されるまでは，確定した場所をもっていないということです．そして，もし電子を測定すれば，その場所に電子の見いだされる確率がわかるというだけです．量子力学は，この波動関数（あるいは状態ベクトル）を計算する方法を教えてくれるのです．

　さて，2つのスリットの片方が閉じていれば，重ね合わせは起きません．なぜなら，電子のとる経路はただ1つしかないからです．このため，フィルム面上の波動関数は，どちらのスリットが開いているかによって，ψ_1 か ψ_2 のいずれかになり，電子を見いだす確率も $|\psi_1|^2$ か $|\psi_2|^2$ になります．この結果は，1つのスリットだけが開いている場合の弾丸の分布に非常によく似ています．

　しかし，2つのスリットを開いておくと，波動関数は上述の ψ で与えられるので，その確率は

$$|\psi|^2 = |\psi_1 + \psi_2|^2 = |\psi_1|^2 + |\psi_2|^2 + \psi_1^* \psi_2 + \psi_1 \psi_2^*$$

となります．2つの項 $|\psi_1|^2$ と $|\psi_2|^2$ は，いま述べた2つのスリットのそれぞれに対応した確率です．しかし，$\psi_1^* \psi_2 + \psi_1 \psi_2^*$ という項は初めて現れるもので，もし確率振幅でなく確率を足していれば存在しなかった項です．干渉縞が生じるのは，この項が正になったり負になったりするためです．

　スクリーン面上の同じ位置に到達する波動関数 ψ_1 か ψ_2 は，2重スリットからの経路の長さに依存して異なる位相をもっています．つまり，図 2.4〜2.6 の

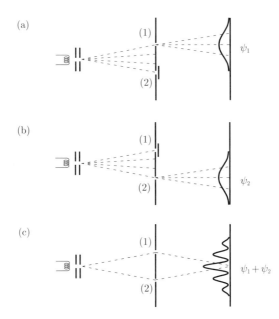

図 2.16 電子を用いた 2 重スリット実験の量子力学的な説明. (a) と (b) ψ_1 と ψ_2 はスリット 1 と 2 をそれぞれ通過した電子に関係した量子力学的振幅である. そして, これらの振幅の平方に比例した確率分布を生じる. これは図 2.12 の弾丸の場合の分布によく似ている. (c) 両方のスリットを開いた場合, 両方の経路からの振幅は足し合わされる. 振幅は正値でも負値でも取りうる. そして, 互いに異符号の値を取りうるので, 確率分布に干渉縞が現れる.

光の波と同じように, ψ_1 と ψ_2 は振動しますが, 異なる位相をもっています. もし ψ_1 と ψ_2 の位相がともに正か負であれば, $|\psi_1 + \psi_2|^2$ は大きくなります. これが建設的な干渉で, 明るい縞に対応します. そして, この明るい縞が, フィルム上で電子が山積している場所にあたります.

一方, ψ_1 と ψ_2 の位相が反対の符号であれば, 破壊的な干渉になり暗い縞を作ります. そこは, 電子を見いだす確率が低いところです. つまり, フィルム面上にあるいくつもの**暗い帯**は, 電子の集積が比較的少ない場所になります. 例えば, ある点で $\psi_2 = -\psi_1$ であれば, 波動関数の和 $\psi_1 + \psi_2$ はゼロになるので, 電子をその場所で見いだす確率はゼロになります.

ここで重要な点は，**電子同士は互いに干渉せず，干渉するものは確率振幅**であるということです．ときどき「電子は自分自身と干渉する」といわれることがありますが，これを文字通りに受け取るべきではありません．煎じ詰めれば，干渉するものは1個の電子の確率振幅なのです．1926年に，波動関数（一般に量子的な振幅）が確率に関係していることを，初めて指摘したのはドイツの物理学者ボルン（Max Born）でした．ボルンの解釈に従えば，直接的な物理的意味をもっているものは，確率振幅の2乗です．量子状態のこのような確率解釈が，量子論に対するコペンハーゲン解釈の要です．

ここまでの干渉の説明は，量子力学のかなり一般的な法則を特別なケースに適用したものにあたります．もし，ある量子系が始状態から終状態まで行くのに2つ以上の経路があり，それぞれの経路が確率振幅 A と関係しているケースでは，終状態の全確率振幅はこれらの可能な経路に対する振幅の和

$$A_{終状態} = A_{経路1} + A_{経路2} + A_{経路3} + \cdots$$

になります．和をとることは，私たちの無知を反映しています．つまり，もしこの系がどの経路を通るか知ることができないならば，通りうるすべての可能な経路を足し合わさなければならないということです．粒子のとる経路に関して，固有の曖昧さがある場合にだけ，干渉が生じます．

さて，干渉は波の現象です．それにもかかわらず，1つ1つの電子を実際に検出すると，検出器のスクリーン面上に点として現れるので，電子は粒子性を表しています．しかし，ここには矛盾はありません．なぜならば，電子がスクリーンに衝突するとき，場所に関する曖昧さはなくなるからです．波動関数 ψ は，電子が衝突する直前まではスクリーン全体に広がっていますが，電子が衝突すると，衝突した点に波動関数は**収縮**します．これが状態ベクトルの収縮（collapse）またはリダクション（reduction）の例です．これに関しては，もっとあとで説明します．

量子力学は，電子が波であるとはいってません．ただ，電子を空間のどこかで見いだす確率が波動関数から決定できることをいっているだけです．私たちが電子の粒子性を話すときは，次のどちらかを意味しています．それは，電子が確実にこの場所かあの場所に存在するという意味か，あるいは，電子が確実

にこの経路かあの経路に存在する，という意味です．

もし，**1つの経路**しか利用できなければ，ただ1つの振幅しかないので，干渉は起こりません．ここで「経路」という言葉を使うとき，必ずしも「空間の経路」に限定しているわけではなく，もっと一般的な意味で「経路」を使っています．この例はあとの章に出てきます．

それでは，ここまでの話は一体何を意味しているのでしょうか？　干渉効果の説明は確率振幅の和を使って与えられました．そして，これはかなり抽象的でした．しかも，確率振幅は物理的な実体というよりも，数学的な概念にみえます．水や光の場合は，干渉の原因に対して物理的な描像があります．なぜなら，水や光の波は物理的な実体でできているからです．しかし電子の場合は，確率ではなく，なぜ確率振幅を足し合わさなければならないのか，その理由は明らかではありません．もし確率を加えるならば，これはつねに正なので，破壊的な干渉に必要な打ち消しの効果は絶対に生じません．

突き詰めれば，確率振幅を足し合わすという方法は，現象自身が教えていることなので，私たちは素直に受け入れるべきでしょう．要するに，自然は私たちの古典的な思考には無関心なのです．

干渉は，電子が通る経路に関する情報を使って，あるいは，その情報の消失を使って，説明することもできます．干渉が生じるのは，2つのスリットが開いているときだけです．つまり，電子の取りうる2つの可能な経路があり，実験者には電子がどちらの経路を実際にとるか絶対にわからない場合，電子は干渉を起こします．この結果から，フィルムに到達する電子のとる経路が原理的にわからない場合，確率振幅を足し合わさなければならないという規則が得られます．この規則から他の規則を導き出せるという意味において，この規則は基本的な法則であると現在も考えられています．

もちろん，もっと根本的な説明を探求している人たちもいます．そのなかで，**隠れた変数の理論**¶13 として知られている数種類の理論が，スタンダードな量子力学に代わるものとして，かなり興味をもたれています．隠れた変数理論の

¶13　（訳注）量子力学は不完全で，量子の世界について付加的な情報を含む，基礎的な実在が存在するという考えに基づく理論です．この付加的な情報が「隠れた変数」にあたります．隠れた変数の値がわかれば，量子論の確率的な測定結果が確実に予言できることになります．このため，本当に隠れた変数が存在すれば，コペンハーゲン解釈で否定された「観測とは無関係な実

多くは，スタンダードな量子力学と同じように奇妙な性質をもっています．その中には，実験的な検証のできないタイプの性質もありますが，実験を工夫すれば検証可能な性質もあります．このような実験的な検証は第5章で話します．

さて，電子を使った2重スリット実験の話に戻りましょう．2つのスリットが開いているとき，電子が通る経路を知る方法はない，と先ほど話しましたが，みなさんの中には，この話に疑問をもった人もいるでしょう．弾丸の場合，ピストルを飛び出し，どちらかのスリットを通り（あるいは，スリット以外の鉄板に当たって止まるか），そして木製のスクリーンに食い込むので，弾丸を追跡する方法を考えるのは難しくありません．これは，ビデオカメラで簡単にできます．ビデオの記録をスローモーションで再生すれば，弾丸の全軌跡は追跡できます．ただし，ここには暗黙の仮定があることに注意しなければなりません．それは，弾丸から反射される可視光が弾丸の運動にまったく影響を与えないという仮定です．いまこの仮定が正当化されるのは，反射される可視光のエネルギーと運動量が，弾丸の運動を変えるのに要求される量に比べて非常に小さいためです．

しかし，電子の場合はまったく違ってきます．思い出してほしいのは，電子が点粒子だということです．点粒子は，どのようにして「見る」ことができるでしょうか？　たとえ，点粒子でなくとも，やはりこれは問題です．私たちにものが見えるのは，弾丸の場合のように，それからの反射光のためです．

そこで，みなさんは電子に非常に短い波長の光をあて，散乱させればよいと思うでしょう．最も短い波長の光はガンマ線ですが，これは非常に大きなエネルギーと運動量をもっています．電子の質量は非常に小さいので，ガンマ線をあてると電子の運動は大きく変化します．スリットの真後ろにガンマ線源を置いて，電子から散乱されるガンマ線を観測すれば，電子の経路を検出できるように思えます．しかし，ガンマ線の照射によって電子の反跳が起こるので，スリット実験は影響を受けることになります．なぜなら，どの電子もガンマ線を照射されなければ到達し得た本当の場所とは異なる場所で，スクリーンに衝突するからです．

在」が復活することになるので，この変数の存在の可否が本書で展開される解釈問題の重要なテーマになります．5.3節と5.6節を参照してください．

このように，たとえ2つのスリットが開いていても，干渉パターンは消えます．したがって，次のような規則が得られます．もし「どの経路」かという情報（which-path information，経路同定情報）がわからなければ，干渉は起こる．一方，「どの経路」かという情報があれば，干渉は起こらない．しかし，あとでわかるように，干渉を起こさないために，観測者が経路情報を実際に知っておく必要は必ずしもありません．むしろ，観測者がその情報を得るために何もしなくても，その情報を**潜在的**に知りうる可能性さえあれば十分なのです．

前節で述べたように，電子の経路を検出できないことは，かなり一般的な原理，つまり，ハイゼンベルクの**不確定性原理**（uncertainty principle）の一例です．粒子の位置とその運動量（本質的に速さと方向を記述する量）は，量子論では**共役量**¶14 といいます．これは，**同時に**このようなペアになる量を高い精度で測ることはできないという意味です．しかし，ハイゼンベルクの不確定性原理はそれ以上のことを意味しています．それは，共役量が**客観的に非決定的**（objectively quantities）であるということです（ハイゼンベルクの不確定性原理は**非決定性原理**とよぶほうが，量子論での役割をもっと正確に反映していると思われます）．

さらに，もしこれらの量の1つが高い精度でわかれば，そのときは，もう一方の量は非常に低い精度でしかわかりません．もし電子の位置が精度よく決定されれば，例えば，ガンマ線の散乱によってどちらのスリットを電子が通過したかが高い精度でわかれば，電子の運動量の値はほとんど決まらなくなります．これは，干渉パターンを消してしまうことになります．量子力学には，位置と運動量の他にも，たくさんの共役量があります．それらは本書のあとの章で登場してくるでしょう．

電子の粒子性と波動性のどちらが現れるかは，実験のデザインに強く依存します．1つのスリットだけを開いた実験では，電子の粒子的な性質だけが検出されます．一方，2つのスリットを開けた実験では，波動的な性質が検出され

¶14（訳注）原著の incompatible quantities は互換性のない量，あるいは，非両立的な量の意味ですが，量子論では共役量（conjugate quantity），あるいは，共役変数とよばれる量です．「位置と運動量」，「エネルギーと時間」のように，不確定性原理において互いに関係をもつ力学変数のペアです．

ます．粒子と波の性質は互いに排他的です．実際，2つのタイプの実験は互いに排他的であるといえるでしょう．

しかし，注意すべき重要なことは，電子の波動性を示す実験においても，電子は局在化した粒子として**1つ1つ**検出されるということです．つまり，スクリーン面上の点か，検出器のカチッという検出音として検出されます．そして，電子の干渉縞が見られるのは，電子の集合全体を観測したときです．これは，ボーアの**相補性**[15]というものの一例です．この場合，電子（や原子よりも小さい粒子）の粒子性と波動性を同時に観測することは不可能であることを意味しています．ある特定の実験において，みなさんはこれらの属性（粒子か波か）のどちらかを示すことはできますが，もう一方の属性を同時に示すことはできません．ハイゼンベルグの不確定性原理に関係する共役量の組は，ボーアの用語を使えば，互いに相補的な量であると表現できます．もっとあとのほうで，相補性に関する多くの例が登場します．

ここまでの話で，みなさんは電子の波と粒子の二重性に関して理解が得られたと思ったかもしれません．もしそう思ったならば，それは幻想です．実のところ，何も説明はしていません．やってきたことは，電子の2重スリット実験で観測されるものを矛盾なく記述できるような枠組みを示しただけです．電子以外の素粒子を使った実験に対しても，似たような説明はできます．かつて，ファインマン（Feynman）が「誰も量子力学をわかっちゃいないんだよ」と言ったのは，有名な話です（ファインマンは量子電磁力学に対する業績で，ノーベル賞を受賞した物理学者です）．ファインマンの言いたかったことは，非常に高い精度で予言できる量子力学に対して，矛盾を含まない数学的な枠組みを作ることは可能であるが，量子力学に対する深い理解にはまだ到達できていないということです[16]．

確かに，述べてきたタイプの実験で実際に何が起こっているのか，それに対す

---

[15] （訳注）complementarity. 光と物質には，波の側面と粒子の側面があり，これら2つの側面は互いに補い合いつつ，排他的であるとする考え方です．光と物質がもつこれら2つの側面は，同じコインの裏と表のように，一度に両面を見ることはできません．本書で繰り返し説明されるように，光の波としての性質，または粒子としての性質の，どちらか一方を見るように実験を計画することはできますが，同時に両方を見る実験はできません．

[16] （訳注）8.6節「ミステリーは残る」を参照してください．

る深い理解があってもよいはずだと，みなさんは思われるでしょう．そのような試みとして，外村グループの実験で電子線バイプリズムを通る電子に起こっていることを，もっと満足に説明できる理論が提案されています．

　これらの理論は，(第5章で説明される理由のために) **局所的な隠れた変数理論** とよばれるものです．この理論は量子力学の代替物ですが，この理論には問題があります．それは，実験室で検証できるある種の予言と矛盾するということです (これに関しては第5章でもっと説明します)．

　他方，**非局所的な隠れた変数理論** とよばれる別の種類の理論もあります．これは，まったく新しい理論というよりは，むしろスタンダードな量子力学の再解釈です．このような理論による解釈は，実験室での検証が難しく，さらに，それ自身のなかに不満足な性質をもっています．つまり，解こうと思う問題と同じ程度の奇妙な性質をもっているのです．

　そこで，みなさんが2重スリット実験に当惑しているならば，よい仲間がいます．おそらく，2重スリット実験は巨視的な世界の「常識」に背く，自然の最も簡単な例でしょう．しかし，2個以上の粒子が粒子の属性間に相関をもった量子状態であれば，ものごとはもっと奇妙になります．このような状態が **もつれ状態** (entangled states，エンタングル状態ともいいます) とよばれるもので，あとで取り上げます．

　ところで，電子以外の粒子は，干渉効果を示すでしょうか？　少なくとも粒子が大きすぎなければ，答えはイエスです．さまざまな干渉実験がいろいろな種類の粒子を使って行われています．とりわけ重要なのは原子炉からの中性子を使った実験です．中性子は電子より約2000倍重く，名前が示すように，電荷をもたない素粒子です．そして，非常に小さいけれども，点粒子ではありません．事実，中性子はもっと小さな素粒子 (クォーク) からできています．クォーク自体は点状の粒子です．中性子の直径は約 $1\,\mathrm{m}$ の $0.000\,000\,000\,000\,001\,(10^{-15})$ 倍で，想像を絶するほどの小ささです．しかし，1991年に，コンスタンツ大学のカーナル (Carnal) とミネック (Mlynek) による実験で，中性子に比べて非常に大きな物体である原子が干渉パターンを生じました．典型的な原子の直径は，約 $1\,\mathrm{m}$ の $0.000\,000\,000\,1\,(10^{-10})$ 倍で，それでも大きくはありませんが，点ではありません．

2.6 1回に1個だけの電子による干渉

原子のクラスターのような大きなものも、干渉させるために作られています。かなり最近、ツァイリンガー（Zeilinger）が率いるウィーンのグループが炭素60（C_{60}）原子のクラスターで実験をしました。この炭素 C_{60} はバッキーボールあるいは**フラーレン**として知られています。というのは、その構造がブックミンスター・フラーの建築デザインとして唱えられている測地線ドームに似ているからです。微視的スケールから見れば、炭素 C_{60} 分子は非常に大きな物体です。でも、これも干渉縞を作ることができます。もっと最近、マーカス・アーン（Markus Arndt）らのグループはウィーン大学で、430 個の原子をもつ非常に大きな有機原子団が量子的な干渉を通して波動性を示す実験を行いました。彼らは 1000 以上の内部自由度をもった複雑な系が、もし十分に周りの環境との相互作用から隔離されていれば、ほとんど完全な量子コヒーレンス[17]を示すことを実証しました。**内部自由度**とは、分子自身の内部でその構成原子間で起こる、並進や回転やその他のさまざまなタイプの運動を意味します。

環境に関する役割についていえば、系のサイズが大きくなるにつれ、実験者が系を**宇宙の残り**[18]から分離することは難しくなっていきます。環境とは、いわば、研究している系の近くにたまたまいる他の原子や分子のことを本当は意味していますが、要するに、実験装置などのことです。このような環境との相互作用が、まず第一に、干渉のような量子コヒーレント効果を生み出す量子コヒーレンスそのものを壊してしまうという効果をもつことになります。

環境との相互作用による**デコヒーレンス**（decoherence）**効果**[19]は、次の問いに大いに関係してきます。量子の世界と古典の世界の間の境界はどこにあるのか？　そもそも、境界というものはあるのだろうか？　なぜ、野球のボールは波のように振る舞わないのか？　これらの議論はあとの章まで預けておきましょう。

参考文献と参考図書

古典物理学の歴史に関する書籍を少し挙げておきます。

---

[17] （訳注）ここでは、干渉のことを指します。
[18] （訳注）周囲の環境という意味です。7.4 節と 8.4 節を参照してください。
[19] （訳注）コヒーレンスを壊す効果のことです。7.4 節と 8.4 節を参照してください。

Arndt M., Nairz O., Vo-Andreae J., Keller C., van der Zouw G., and Zeilinger A., "Wave-particle duality of C_{60} molecules", *Nature* 401 (1999), 680.

Carnal O., and Mlynek J., "Young's double-slit experiment with atoms: A simple atom interferometer", *Physical Review Letters* 66 (1991), 2689.

Farmelo G., *The Strange Man: The Hidden Life of Paul Dirac, Mystic of the Atom*, Basic Books, 2009.

Feynman R. P., Leighton R. B., and Sands M., *The Feynman Lectures on Physics*, Vol.III, Addison-Wesley, 1965. See especially Chapter 1.

Gamov G., "The Principle of Uncertainty", *Scientific American*, January 1958, p. 51.

Gerlich S., Eibenberger S., Tomandl M., Nimmrichter S., Hornberger K., Fagan P. J., Tüxen J., Mayor M., and Arndt M., "Quantum interference of large organic molecules", *Nature Communications* 2 (2011), 263.

van Heel A. C. S., and Velzel C. H. F., *What is Light?* McGraw-Hill, 1968.

Isaacson W., *Benjamin Franklin, An American Life*, Simon and Schuster, 2003.

Nairz O., Arndt M., and Zeilinger A., "Quantum interference experiments with large molecules", *American Journal of Physics* 71 (2003), 319.

Tonomura A., "Electron holography: A new view of the microscopic", *Physics Today* 43, 4 (1990), 22.

Tonomura A., Endo J., Matsuda T., Kawasaki T., and Ezawa H., "Demon-stration of single-electron buildup of an interference pattern", *American Journal of Physics* 57 (1989), 117–120.

Waldman G., *Introduction to Light: The Physics of Light, Vision, and Color*, Prentice-Hall, 1983.

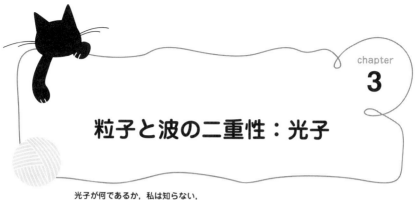

粒子と波の二重性：光子

> 光子が何であるか，私は知らない，
> しかし，それは見ればわかる．
>
> グラウバー（Roy Glauber）
> （光学的コヒーレンスの量子論に対する貢献により
> 2005 年にノーベル物理学賞を受賞）

3.1 自然の対称性

　前章で，小さな粒子の二重性を浮き彫りにしました．主に，電子に焦点を当てました．なぜなら，電子は点のような粒子であり，それ故に，粒子とは何であるかという本質がわかるからです．1 つ 1 つの電子は，シンチレーションのスクリーン上の小さな局在した領域で検出されたり，霧箱のなかの軌跡として観測されます．しかし，1 個の電子が 2 つのスリットを通ってスクリーンに到達するときは，その運命はスリットからスクリーンまでの 2 つの可能な経路から生じる干渉で決まります．厄介な問題は，電子が 2 つの経路のどちらを通ったかという情報を得ようと試みると，その干渉を完全に壊してしまうことです．

　これから導ける教訓は，次のようなことです．電子の**粒子性**を実証する実験を設定すれば，粒子的性質が現れ，反対に，電子の**波動性**を実証する実験を設定すれば，波動的性質が表れるということです．そのため，電子には**二重人格**があるようにみえます．どちらの人格が現れるかは，電子に対する質問の仕方（つまり，実験のタイプ）に依存します．

　どのような実験をするかを最終決定するのは実験者なので，宇宙は，あるいは少なくともその一部分は，**観測者の作り出したもの**である，と結論づける人もいるでしょう．しかし，実験者が量子系の振る舞いに影響を与えられるのは，

第3章 粒子と波の二重性：光子

ある限られた範囲内だけです．実験によって測定されるのは，量子系のある特定の物理的性質です．そして，その結果は一般に統計的です．また，その実験において，この量子系がもっている別の性質は無視されているかもしれません．

要するに，私たちは全宇宙どころか，問題にしている量子系ですら，そのすべての性質を実験的に調べることなどできません．そのため，実験の設定方法によって量子系は異なる振る舞いをするという事実から，過度の結論を導かないように注意しなければなりません．しかし，この限定された可能性の範囲内で，実験結果の統計は量子論の予言と一致します．

実験のような科学的な方法を使って研究する場合，実験条件が同じであれば，実験は測定誤差の範囲内で同じ結果を与えると一般に考えられています．しかし，量子力学では，この考えは厳密には当てはまりません．それどころか，原理の問題としても，同じ条件で準備された量子系に対して実験を繰り返しても，実験結果は一般に同じにはなりません．結果が同じにならないということは，測定の誤差の問題ではなく，量子の世界に固有な不確定性にすべて関係しています．

実験を何度も繰り返して蓄積したデータから得られる結果は，量子力学的な状態ベクトルから得られる統計的な予言と一致しなければなりません．この意味において，「同じ条件でなされた実験は同じ結果を生じる（同一の実験を繰り返せば，同一の結果が出るはずだ）」という考えからは一歩後退します．そして，量子系に対して「同じ条件でなされた実験から得られる結果は，統計的に同じ結果を生じる」と言い換える必要があります．

この考え方の簡単なデモンストレーションを手短に与えたいと思いますが，その前に，次のような問いかけをしておきましょう．自然は，波と粒子の二重性に関して対称だろうか？　電子のような粒子が波のような性質を示していることを考えれば，光のような波動に粒子的な振る舞いが期待できるだろうか？この問いに対する答えは「イエス」です．そして，このような振る舞いをする実体が**光子**です．これは電磁エネルギーの最小の塊（かたまり），つまり，**量子**です．でも光子は，ニュートンの考えた光の微粒子とはまったく無関係です．また，光子を電子と同じ意味での粒子であると想像してはなりません．なぜなら，電子とは異なり，光子は質量をもたないからです．言い換えると，光子の位置は明

確に定義できないことを意味します．しかし，光子は明確な伝搬方向をもっているので，これが電磁波の励起である光子に，特定の実験で粒子的な振る舞いをさせる基になるのです．

次節で，光子が波として観測される実験と，光子が粒子として観測される実験について説明します．このように，実験によって光子の属性を定義することを，光子の属性の**操作的な定義**といいます．

🐾 3.2　光子，そして単一光子の干渉

光とは，互いに直交した電場と磁場がサイン関数的に振動しながら伝搬する波である，という古典的な光の描像を第 2 章で話しましたが，光源に関しては何も説明しませんでした．

普通の白熱光を考えましょう．電球の中にはフィラメントがあり，そこを電流が流れると，フィラメントの高い電気抵抗のために温度が上がります．電流が十分強ければ，フィラメントは熱くなり，輝き始めます．そして，その輝きは電流が強いほど増します．この輝きは，フィラメントの抵抗による熱から生じたもので，放電の結果ではありません．

しかし，熱は原子や分子の運動に関係したエネルギーの一形態です．例えば，原子で構成されている気体の温度を測れば，気体原子の運動エネルギーの平均を測定していることになります．運動エネルギーは運動に関連したエネルギーで，質量 m とその速度 v の 2 乗の積を半分にした量 ($mv^2/2$) です．温度が高いほど，気体を構成している原子の平均エネルギーは大きくなります．さらに原子が動き回ると，原子間の衝突も起こります．

エネルギーが低ければ，電子が原子内で占拠している**基底状態**（最低の許容エネルギー状態）に影響はありません．しかし，温度が十分高くなって，衝突が原子の内部状態に影響を与えるようになると，電子は基底状態から励起状態にジャンプします．いったん励起状態になると，電子はすぐにより低い状態にジャンプし，最終的には基底状態に段階的に戻ってきます．また，再び，電子は別の衝突によって励起されるかもしれません．そして，このような現象が繰り返されます．

第3章 粒子と波の二重性：光子

より低いレベルへ電子がジャンプするとき，つねに電磁波を放射します．図3.1のように，水平線で原子の2つのエネルギーレベルを示すと，上のほうの線は高いエネルギー，下のほうの線は低いエネルギーになります．電子はこのような高いエネルギーの励起状態には 10^{-8} 秒程度の短い時間しか滞在できません．したがって，より低いレベルへ電子はすぐジャンプします．このジャンプのことを**遷移**といいます．遷移の結果，わずかな電磁波が生じます．このプロセスが**自然放出**といわれるもので，最終的に私たちの目に届く光の光源です．そして，これは，太陽のような自然光や，白熱灯や蛍光灯のような人工的な光の光源です．私たちはこのような光を，光源からの直接光か反射光として見ています（自然放出による光を**生成**しない人工的な光源もあります．これがあとで説明するレーザーです）．

さて，電子がエネルギーレベル E_2 から，より低いエネルギーレベル E_1 に遷移するとき，$E_2 - E_1$ だけのエネルギーを失いますが，このエネルギーが電磁波のパルスとして放射されます．電子が基底状態に戻ると，原子からの放射は止まります．光の周波数 f（サイクル数/秒）は

$$E_2 - E_1 = hf$$

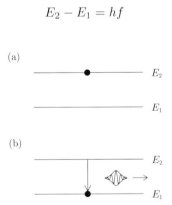

図3.1 原子の2つの異なるエネルギーレベル．レベル2が励起状態でレベル1は基底状態．(a) は電子が励起状態の場合で，(b) は電子が基底状態に遷移して，原子から光子が放出される場合である．遷移が起こる瞬間に光子が周りに存在しないならば，そのプロセスは**自然放出**であるという．

という関係で決まります．ここで，h はプランク定数として知られている非常に小さな数です[†6]．つまり，放射光の周波数は原子のエネルギーレベルの差で決まります．大きいエネルギー差からは，X線や紫外線のような高い周波数の放射が生じます．同様に，非常に小さいエネルギー差からは，赤外線やラジオ波やマイクロ波のような低い周波数の放射が起こります．そして，可視光の非常に狭い領域がこれらの間にあります．人間の目はこの領域の外側の光には反応しません．この領域内で，異なる色は異なる周波数と波長の光に対応します．人間の目に見える光のなかで，赤は最も低い周波数であり，紫は最も高い周波数です．言い換えれば，赤は最も長い波長であり，紫は最も短い波長です．

さて，白熱電灯からでている光を見るときは，自然放出のプロセスによる多数の原子の効果を見ていることになります．さらに一般的に言えば，たくさんの遷移がさまざまなエネルギーレベル間で起こるために，いろいろな色（周波数）の光が放射されることになります．原子の温度が上がるにつれ，放射光はその全強度を増します．しかし，その強度は周波数に対して一様には分布せず，ある特定の周波数でピークをもっています．この周波数を $f_{ピーク}$ で表せば，周波数 $f_{ピーク}$ は温度上昇とともに高い値にシフトします（図 3.2 を参照）．

温度変化に対する強度と周波数曲線のシフトは，**ウィーンの変位則**として知られているもので，ピーク強度の周波数は絶対温度に比例します．この法則は温度 T の単位をケルビン温度[†7]とすると $f_{ピーク} \propto T$ で表されます．ウィーンの変位則から，熱せられた物体の温度がわかります．つまり，放射光が最大になる周波数は，特定の色に対応するので，その色から温度を知ることができるのです．例えば，ガスバーナーで熱せられた鉄の塊は赤く光りますが，赤い色から鉄の温度は約 2500 K であることをウィーンの変位則は教えてくれます．なぜなら，この温度のときの鉄は他の色に比べて赤い色で輝くからです（また，可視光領域外の周波数でも十分に強く輝いています．主に赤外線領域ですが，こ

[†6] プランク定数の値は $h = 6.62618 \times 10^{-34}$ ジュール/ヘルツです．ジュールはエネルギーの単位で，ヘルツは周波数の単位です．1 秒当たりに 1 サイクル（1 つの波の山から次の山まで）であれば 1 ヘルツです．

[†7] ケルビン温度はそのゼロ点を絶対零度 $T = 0$ K にとります（K はケルビンを表します）．絶対温度とは，仮に原子レベルまで古典的な世界であったとすれば，すべての運動が静止する温度のことです．ゼロ・ケルビンは $-273°$ C，あるいは $-460°$ F と等価です．

第3章　粒子と波の二重性：光子

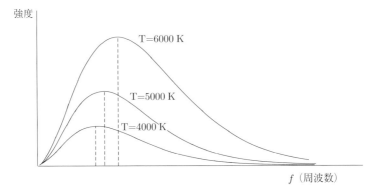

図 3.2　黒体として知られている理想的な物体に対して，3つの異なる温度での黒体から，放出される光子の強度を振動数の関数でプロットしたものである．温度の上昇とともに，強度は全体的に増加し，そのピーク強度はより高い振動数側にシフトしていく．温度とピーク強度の位置のシフトの関係を与えるのがウィーンの変位則である．

の場合は，**熱放射**として感じることができます）．

　ウィーンの変位則を使うと，遠い星の表面温度を決めることができます．例えば，オリオン座のベテルギウス星は肉眼で見てもはっきりとオレンジ色をしています．この色から，ベテルギウス星の表面温度は約 3000 K だとわかります．また，太陽は黄色く見えるので，その表面温度が約 6000 K であることもわかります．宇宙のすべての物体は，絶対零度より大きな温度であれば，その温度に対応した電磁スペクトルの周波数で光を放射しています．人間もすべての生物も，光を放射しています．その光は可視光スペクトルの領域ではなく，赤外線の領域にあります（可視光に比べて，もっと長い波長，つまり，もっと低い周波数の電磁波）．事実，軍隊が使うナイトスコープは人や動物が発する赤外線を感知するはたらきをもっています．

　宇宙**内部**のすべてのものが放射するだけでなく，全宇宙**自体**も放射に満ちています．これは，約 140 億年前に宇宙を誕生させたビックバンのあとに残った放射です．この放射のピーク強度の周波数は，スペクトルのマイクロ波領域にあり（赤外線のエネルギーや周波数よりも低い），温度がたった 3 K の物体に対応しています．宇宙はビックバンから現在の大きさまで膨張したので，宇宙は

3Kまで冷えてしまったのです．ちなみに，この**宇宙背景放射**に含まれるエネルギーは，観測できる宇宙の全物質（星，銀河など）によって放射されるエネルギーよりも著しく大きいことがわかっています．

さて，地球に戻って，図3.1のような1個の原子と一対(いっつい)のエネルギーレベルだけを考えましょう．電子が基底状態にあるとき，原子は放射しません．しかし，電子が励起した状態にあれば，原子は非常に短い時間（すでに述べたように，光学的な遷移に対して約10^{-8}秒）で，すぐに電子をより低いほうのレベルへジャンプさせます．このとき，原子は$E_2 - E_1$のエネルギー（原子レベルのエネルギー差）と周波数$f = (E_2 - E_1)/h$の**パルス**を放射します．この原子からのエネルギーのバースト[20]が，光子とよばれる物質で，光の「粒子」に相当します．また，光子は特定の偏りをもって放出されます（前節での古典的な光波に対して記述したように，垂直，水平，あるいは，ある角度をもって放射されます）．光子の偏りに関しては，あとでもっと説明します．

光子を光の粒子としてどのように考えるか，これに関しては十分な注意が必要です．光子は，電子のような普通の意味での粒子ではありません．電子は，（非常に小さいが）質量をもち，そして電荷をもっているので，電場で加速すれば，電子の速さを自由に変えることができます．しかし，光子は質量も電荷ももたず，つねに光速で飛んでいます．ただし，光子をニュートンが提唱した光の微粒子と考えてはいけません．ニュートンの微粒子は，回折や干渉のような波動的な特徴を何も示しません．しかし，光子は電子と同じように波動と粒子に関する二重性を示します．

電子の場合と同じように，光子はどの**経路**を通ったかという**情報**を決めることができれば，光子は粒子のように振る舞います．つまり，光子の粒子性を引き出すようにデザインされた実験では，光子は粒子のように振る舞います．実際，もし光子が本当に粒子的な性質をもっているならば，どちらの経路であるかがわかる実験を光子に行うと，光子に粒子として振る舞うように**強いる**ことができます．実のところ，これが粒子であるという定義で，これを**操作的な定義**（operational definition）といいます．この操作的な定義から，もし光子が

---

[20] （訳注）強度の高い放射のことです．

第 3 章　粒子と波の二重性：光子

粒子のように振る舞えば，少なくともその実験に対しては，光子は粒子になります．反対に，光子の波動的性質を引き出すようにデザインされた実験で，光子が波のように振る舞えば，少なくともその実験に対しては，光子は波になります．

したがって，波と粒子の両方の性質を同時に呈示させる実験は，電子での実験の場合と同じように，不可能です．波動と粒子の二重性は，決して一緒には登場することはありません．これも，ボーアの相補性原理に他なりません．

しかし，どのような種類の実験が単一光子（single photon）を使ってできるのでしょうか？　実験をするときに，1 回にただ 1 個の光子だけであることをどのように確信できるのでしょうか？　原理的には，前章で述べたように，外村グループが電子を使って行ったタイプの実験をすべきです．そうすれば，干渉パターンが 1 回に 1 個の光子で作られるでしょう．外村グループの実験は，本質的に 1 回に 1 個の粒子（電子）を使ったヤングの干渉実験でした．

このような 1 回に 1 個の粒子による実験と非常に似た実験は，実は 1909 年の遠い昔に，ケンブリッジ大学のテイラーが行っていました．ただし，電子ではなく光を使って．そして，テイラーは「かすかな」光によって干渉縞を作りました．エネルギーの観点から，この光は 1 回に 1 個の光子だけが，平均として，光源とスクリーン（写真乾板）の間に存在する程度の弱さでした．「2 重スリット」は実際には針でしたが，干渉縞は針の影に回折パターンとして見られました．弱い光の光源はガスの炎で，光の強度を減少させるために，炎と針の間にたくさんのスクリーンを置きました．1 回の実験で，写真看板のフィルムはおよそ 3 ヵ月間露光されました．実際，1 回に 1 個の光子によって作られたような回折パターン（干渉パターン）がフィルム上に見られました．

不幸にも，この実験では光子の波と粒子に対する二重性問題を解決できませんでした．単一光子の光源として，ガスの炎のような光の熱源は理想的なものではなかったのです．このことが認識されたのは，1950 年代になってからでした．もっと詳しくいえば，熱源は光子を 2 個のバンチ（bunch；塊）で生成する傾向のあることが発見されました[21]．ほとんどの時間，光源から光子は

---

[21]　（訳注）光子の流れの形態を時間間隔で考えると，(1) バンチング光，(2) コヒーレント光，(3) アンチバンチング光の 3 つに分類されます．コヒーレント光は光子から次の光子までの時間間

放出されません．しかし，光子が放出されるときは，高い確率で2個の光子が一緒に出てきます．もし，特定の時間間隔で，放出される光子のエネルギーを平均するならば，その**平均**は1個の光子に含まれるエネルギーよりも小さくなります．この平均が意味することは，特定の時間間隔で単一光子が規則的に放出されている，という考えが幻想だということです[†8]．

エネルギーの検討だけでは，たとえ強く減衰させたとしても，平均して光源と写真乾板の間にせいぜい1個の光子があるということを保証するには十分ではありません．発見者たちにちなんで**ハンブリー・ブラウン–ツィス効果**（Hanbury Brown-Twiss effect）として知られているこの種の**バンチング効果**は，テイラーの実験や他の真偽の疑わしい単一光子による干渉実験の信憑性に関して疑問を投げかけました．

それでは，1回に1個の光子を生成するのに適した別の種類の光源はあるのでしょうか？ 1960年に，レーザーという新しい光源が発明されました．レーザー（LASER）は Light Amplification by Stimulated Emission of Radiation（輻射の誘導放出を利用した光の増幅器）の略です．レーザービーム内の光子は，ビーム強度を減衰させていっても，バンチせずにランダムに動く傾向があります．この傾向は，熱源で見られた光子のバンチングを改良するものですが，それでもある瞬間に2個以上の光子が存在する可能性はまだ残っています．

理想をいえば，光子を**アンチバンチング**した形で放出する光源があればよいのです．そうすれば，光子は一列縦隊で規則正しく現れるでしょう．アンチバンチングした光を得るには，数個の原子だけを含む光源が必要です．最もよいのは，単一原子を使うことです．単一原子を光源として使うアイデアは，1950年代のハンブリー・ブラウン–ツィスの実験の頃には不可能でした．しかし，技術

隔がランダムなもので，それに対して，バンチング光は光子がバンチングして塊となった光子の流れです．一方，アンチバンチング光は光子から次の光子までの時間間隔が規則的なものです．バンチングは光子がボソンであることに起因します（4.2節を参照）．なお，バンチング光とコヒーレント光は古典的な光でも生じますが，アンチバンチング光は純粋に量子力学的効果です．ちなみに，このあとの本文が理解しやすいように，補足します．レーザー光を極限まで弱めた光で光子数をカウントすると，ほとんどの場合はゼロで，まれに光子を検出します．そのため平均光子数は1よりかなり小さくなります．一方，単一光子状態の光子をカウントすると，常に1です．つまり，平均光子数は1です．

[†8] 光子のバンチング現象と時間平均エネルギーに対する効果は，億万長者の収入が貧乏人が住んでいる地区での平均収入に与える効果に似ています．

第3章 粒子と波の二重性：光子

の発達でまさに1個の原子からなる光源を作ることが可能になりました．その技術の説明は本書の枠を超えるので触れませんが，ここでは，1985年にパリ大学のグレンジャー（Grangier），ロージャー（Roger），そしてアスペ（Aspect）が行った実験を説明しましょう．この実験では，干渉効果を作るために単一光子が初めて使われました．この実験は，前節で述べた電子を使った実験よりもかなりデリケートなものです．

まず，光源の性質を述べましょう．そのあとで，単一光子を実際に生成する実験を説明します．グレンジャーたちはカルシウム元素の原子を使いました．図3.3に，この原子の外殻電子の1つに使われるエネルギー準位を描いています．原子の電子は，レーザー光で励起状態にされます．その電子が基底状態に戻るとき，2つのステップを経由します．はじめに電子は中間状態へ遷移し，周波数 f_1 の1番目の光子を放出します．引き続き，電子は基底状態に遷移し，原子

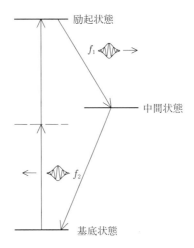

図3.3 単一光子を生成する原子的遷移のカスケード．2個のレーザー光の吸収によって励起された原子は，下方遷移で2個の光子を続けて放出する．光子は反対方向に飛んでいく．破線はいわゆる**仮想的原子エネルギーレベル**で，一種の中間エネルギー状態を示している．仮想エネルギーのレベルは原子の本当のエネルギーレベル状態に近い．しかし，本当のレベルとは異なり，仮想レベルは決して電子によって占有されない．つまり，電子はこの仮想レベルに留まることはない．

は周波数 f_2 の 2 番目の光子を放出します.

　この 2 個の光子は，運動量を保存する方向に飛んでいきます（原子自体は光子を放出すると，その反跳（はんちょう）を受けます）．グレンジャーたちの実験では，この 2 個の光子が使われました．そのうちの 1 個は，振る舞いを調べるための光子です．もう 1 個の光子はトリガー（引き金）用で，調べたい光子を検出するための電子回路に合図を出すトリガーとして使われます．このような設定で，反対方向に放出された光子だけが使われました．これからの議論において，技術的な詳細は不要なので，その説明は省略しますが，周波数 f_1 の光子が振る舞いを詳しく調べたいほうの光子だとします.

　まず，光子がただ 1 個であることをどのようにすれば示せるのでしょう? ここで，**ビームスプリッター**（BS, beam-splitter）として知られている光学装置の登場です．これは，普通のガラス板か半透明な鏡を，光線のビームに対して 45° の角度に置いたものです．ビームスプリッターは受動的な装置（つまり，光子を発生したり吸収したりしない装置）なので，入射してきた光の一部を通し，残りを反射するだけです[¶22]．レーザーはたくさんの光子を含んだビームを作ります．そのなかで，平均的な電場がサイン的な波形で振動しています．これは，ちょうど古典的な光に期待されるものと同じです．したがって，レーザー光がいわゆる 50:50 ビームスプリッターに当たると，図 3.4 に示すように，レーザー入射光の強度 I は 2 本の $I/2$ 強度をもった出力ビームに分かれます.

　ここで重要なことは，ビームスプリッターは光線のビームをただ分離するだけで，ビームを構成している光子自体を分離するものではないということです．つまり，透過する光子の集団と，反射する光子の集団に分けるだけです．50:50 ビームスプリッターの場合，ビームは 50% が透過し，50% が反射します．もちろん，古典的ビームでは，光子（離散的なエネルギーの塊）を考える必要はありません．むしろ，ビームは 2 つに分かれる連続的な流体，例えば，島にさえぎられて，その両側を流れる川の水のようなものだとイメージしてよいでしょう.

　いま，ただ 1 個の光子だけがビームスプリッターに入射するとします．これはカルシウム原子から放出された周波数 f_1 の光子です．図 3.4 と同じような装

[¶22]（訳注）入射光を反射光と透過光に分ける（スプリットする）のでビームスプリッターとよびますが，簡単にいえば，ハーフミラーのようなものです.

第3章 粒子と波の二重性：光子

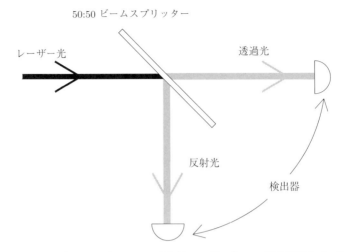

図 3.4 50:50 ビームスプリッターは入射レーザー光の 50% を透過させ，残りの 50% を反射する．レーザービームの個々の光子は装置で分離されることはない．ビームの半分が透過し，残りの半分が反射される．

置を設定しますが，いまの場合，検出器の感度は非常に良くて，図 3.5 に示すように，それぞれの出力ビームの中に含まれる 1 個の光子だけを検出し得るものとします．図 3.5 には同時計数器も描かれています．これは，透過ビームと反射ビームの前方に置かれた検出器の出力から，同時計測を検出する装置です．ビームスプリッターは光子を通すか，反射するかのどちらかなので，2 台の検出器の 1 台だけが「カチッ」と鳴ります．したがって，ビームスプリッターに本当に 1 個の光子だけが入射すれば，1 個の光子を記録することになります．決して 2 台の検出器が，カチッと同時に鳴ることはありません．

実験をたくさん繰り返すと，2 台の検出器はそれぞれ実験の 50% だけカチッと鳴るはずです．決して同時にカチッとなることはありませんから，光子の検出は**逆相関**です．これこそ，グレンジャーたちが実験の最初の段階で観測したものでした．もし，実験中に検出器が実際にカチッと同時に鳴ったならば，ビームスプリッターが光子を本当に分離したか，あるいは，光源が 2 個以上の光子を生成したかのいずれかです．実は，光子を分離できる**能動的**な光学装置があ

3.2 光子，そして単一光子の干渉

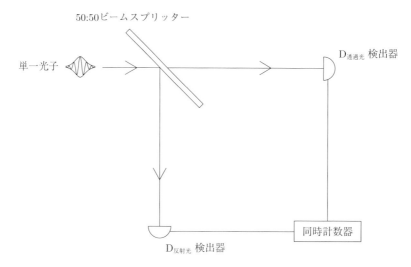

図 3.5 50:50 ビームスプリッターに入射する単一光子．光子が透過する確率は 50% であり，反射する確率は 50% である．しかし，どの光子に何が起こるかを決めることはできない．入射光子の振る舞いはまったくランダムである．検出器を反射ビーム側と透過ビーム側に設置すると，経路情報を得ることになるので，光子の粒子性が現れる．

りますが，これは第 4 章で説明します．いずれにせよ，いま扱っているビームスプリッターはビームを分離するだけで，光子を分離することはありません．この意味において，この実験装置は**受動的な**装置です．

図 3.5 の実験配置は経路選別の実験ですから，この実験では光子の粒子的性質が示されます．もちろん，これがグレンジャーたちの目的でした．しかし，この実験にはまだ不確定さがあります．それは，光子がどちらの経路をとるか予言できないことです．量子力学は，光子がビームスプリッターを透過する確率や反射する確率を予言します．50:50 ビームスプリッターを使えば，実験を何回も繰り返すと，実験の半分は光子が透過し，もう半分は光子が反射します．これが実験で観測されるものです．

実際，この実験では，光子は粒子のように振る舞います．この意味は，ビームスプリッターの 2 つの出力ビームに対して，光子がどちらか一方の出力ビー

第3章　粒子と波の二重性：光子

ム内にだけ存在するということです．ここには，経路に関する曖昧さはありません．なぜなら，検出器がカチッと鳴る[23]のはどちらか一方だけであり，決して両方で鳴ることはないからです．つまり，このカチッという音によって，1個の光子がどちらの経路を通ったかという情報が得られるからです．

　干渉が起こるためには，出力ビームをとにかく一緒にしなければなりません．これを実現するには，図3.6のように，ビームスプリッター（BS_1）の出力ビームをもう1つのビームスプリッター（BS_2）へ導く必要があります．これによって経路情報が混ざりあい，干渉に必要な曖昧さが生まれます．2台の検出器 D_1 と D_2 は，2番目のビームスプリッター BS_2 の出力側に置きます．この装置を**マッハ–ツェンダー干渉計**（MZI；Mach-Zehnder interferometer）とよびます．角度 θ の箱は，時計回りの経路の経路長を微調整するための装置で，**位相差を**

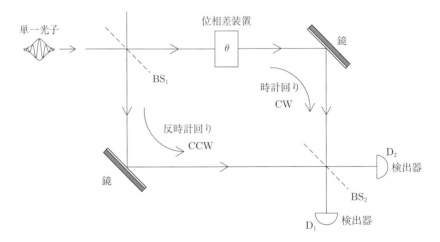

図3.6　1番目のビームスプリッター（BS_1）に，ある方向から単一光子が入射し，別の方向から0光子が入射する（つまり，何も入射しない）場合のマッハ–ツェンダー干渉計である．干渉は2番目のビームスプリッター（BS_2）の出力ビーム側で現れる．なぜなら，光子のとる経路情報がなくなるためである．したがって，この装置は光子の波動的性質を表す．位相差は時計回り（CW）と反時計回り（CCW）の経路間の差を表す．

---

[23]（訳注）実際に検出器が反応するとき，音を出すとは限りませんが，本書では「カチッと鳴る」のような直観的な表現を使うことにします．

3.2 光子,そして単一光子の干渉

調整します.ビームスプリッター BS_2 は,BS_1 と同じ 50:50 ビームスプリッターです.

2台の検出器のうち,どちらかが鳴れば経路情報が消えたことになります.時計回りの光子は,BS_2 を透過して D_1 に行くか,BS_2 で反射して D_2 に行きます.同様に,反時計回りの光子は,BS_2 を透過して D_2 に行くか,BS_2 で反射して D_1 に行きます.ところが,いま述べた2つの説明文のなかには,それぞれの光子が確定した経路をとるという仮定が含まれています.つまり,2つのビームスプリッターをつなぐ時計回りの経路か反時計回りの経路かのどちらかを,光子は経路にしているという仮定です.もしこの仮定が正しければ,この光子で図3.6に示すような実験をたくさん繰り返せば,検出器 D_1 と D_2 はそれぞれ実験総数の 50% だけカチッと鳴るはずです.

しかし,このようなことは一般に起きません.干渉計の相対的な経路長を変える(θ の値を変える)ことにより,検出器のカチッと鳴る割合を変えること

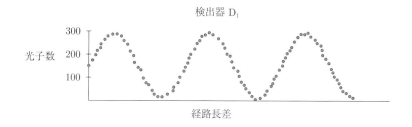

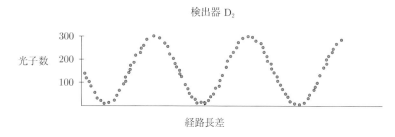

図 3.7 マッハ–ツェンダー干渉計の出力で,2台の検出器の光子計測数を経路長の差の関数として表す.振動は単一光子の干渉縞である.2台の検出器の縞は互いに逆位相であることに注意すること.

ができます.その結果,図3.7に示すように,この割合は経路長差とともに振動します.ある経路長差で,1台の検出器のカウントがゼロになり,もう1台の検出器のカウントが最大値をとることに注意してください.カウント比の振動は,干渉縞と同じものです.そして,D_1 の縞は D_2 の縞と逆「位相」になっています(**ある経路長差**のところで,2台の検出器のカウント比が同じになることにも注意してください).経路長差とは無関係に,2台の検出器からの出力の和は一定です.それは,光子がどこかで消えるようなことなど,決してないからです.でも,干渉縞はどのようにして生じるのでしょうか?

ここで,量子的な干渉は経路情報がわからないときに起こる,ということを思い出してください.2番目のビームスプリッター BS_2 の役割は,経路情報をわからないようにすることです.つまり,1台の検出器がカチッと鳴ったとき,BS_2 はその光子の経路が時計回りか反時計回りかを知る方法が絶対にないように情報を混ぜてしまいます.これは,光子のとる経路が客観的に不確定であることを意味します.ときどき,光子は**同時に両方の経路**をとるようにみえると言う人がいますが,その言葉を文字通りにとってはいけません.要点は,経路情報の消失が光子の波動的な性質を生みだす結果として,単一光子レベルで干渉が観測されるのです.

この実験で干渉が生じる原因は,次のような記号[24]を用いれば理解できます.ケットベクトル $|CW\rangle$ で時計回りの経路をとる光子の状態を表すとします(CW は clockwise の略).また,ケットベクトル $|CCW\rangle$ で反時計回りの経路をとる光子の状態を表すとします(CCW は counter–clockwise の略).図3.6に示したように,単一光子は1番目のビームスプリッター BS_1 に左側から入射し,上側からは何も入射しない(つまりゼロ光子)場合を考えます.このとき,ビームスプリッター BS_1 から出てきた光子の量子状態は

$$|BS_1\text{から出てきた光子}\rangle = \frac{1}{\sqrt{2}}\Big(|CW\rangle + i|CCW\rangle\Big)$$

で与えられます.これは,干渉計を時計回りと反時計回りに光子が伝搬する状態の重ね合わせです.この場合,光子が時計回りする確率 P_{CW} は $P_{CW} =$

---

[24] (訳注)ディラックのケットベクトルです.17頁の脚注3を参照してください.

$|1/\sqrt{2}|^2 = 1/2$，つまり 50％であり，反時計回りする確率 P_{CCW} は $P_{\text{CCW}} = |i/\sqrt{2}|^2 = (-i)(i)/2 = 1/2$，つまり 50％です．

反時計回りの光子状態 $|\text{CCW}\rangle$ の前にある係数 i（虚数単位 $i = \sqrt{-1}$）は，光子がビームスプリッターによって CCW ビームの方に反射されたためで，その場合には反射光にはつねに i が付きます．これは 90°の位相差に対応します．ある意味では，この位相差は量子力学とは無関係です．というのは，純粋に古典的なビームでも反射のとき i が付くからです．

$|\text{CCW}\rangle$ に i を掛けることが，単一光子レベルで位相差を考慮する方法です．もちろん，$|\text{BS}_1$ から出てきた光子$\rangle$ は量子力学によって記述されるべき量です．重ね合わせ状態の意味は非常に重要なので，ここで改めて強調しておきますが，$|\text{BS}_1$ から出てきた光子$\rangle$ という状態で記述された光子は，干渉計の装置の中で，客観的に確定した経路をもっていないということです．光子が CW ビームか CCW ビームのどちらかに存在する，というのは正しくありません．光子が 2 つのビームのどちらにも存在する，ということでもありません．つまり，ビームの居場所自体が不確定なのです．これは，電子を使った 2 重スリット実験の場合とまさに同じ状況なのです．

CW ビームの途中には，角度 θ で表された位相差装置（CCW ビームに相対的な経路長を変化させる装置）が設置されています．d を干渉計の周りの 2 つの経路長の差とすれば，角度 θ（単位は度）は $\theta = kd$ と書けます．ここで定数 k は $k = 360°/\lambda$ で，λ は光の波長です．もし経路長が等しければ，$d = 0$ なので $\theta = 0$ です．位相差装置を通過した光子がまだ 2 番目のビームスプリッター BS_2 の手前にいれば，完全な単一光子状態は

$$|\text{位相差}\theta\text{を通過した光子}\rangle = \frac{1}{\sqrt{2}}\left(e^{i\theta}|\text{CW}\rangle + i|\text{CCW}\rangle\right)$$

で与えられます．指数関数 $e^{i\theta}$ は電気工学分野で**フェザー**とよばれているものです [25]（映画スタートレックの武器と勘違いしないように）．$e^{i\theta}$ は $e^{i\theta} = \cos\theta + i\sin\theta$ と書いても同じです．$e^{i\theta}$ の複素共役は $e^{-i\theta}$ なので，

---

[25]（訳注）Phasor，**位相ベクトル**とよばれるもので，電圧・電流などの振幅と位相に対応したベクトル量（大きさ＝振幅，向き＝位相）です．なお，次式の $e^{\pm i\theta} = \cos\theta \pm i\sin\theta$ は**オイラーの公式**という有名な式です．

第 3 章　粒子と波の二重性：光子

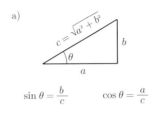

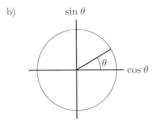

図 3.8 (a) 直角三角形の角度 θ による $\cos\theta$ と $\sin\theta$ の定義．(b) フェザー $e^{i\theta}$ を表す $\cos\theta$ と $\sin\theta$ のグラフ．円の半径は 1 である．そして，位相差 θ は円上の点で表すことも，あるいは，中心からその点までの方向で表すこともできる．

$e^{-i\theta} = \cos\theta - i\sin\theta$ です．

この $e^{i\theta}$ は $\cos\theta$ と $\sin\theta$ を図 3.8 のように座標軸にして描けば，半径 1 の円を表します．また，サイン関数とコサイン関数の標準的な定義を直角三角形を使って与えることもできます．位相差 θ は円上の 1 点で表されます．

最後に，光子が 2 番目のビームスプリッター BS_2 に入射するとき，光子の反射を考慮しなければなりません．そうすると

$$|CW\rangle \to \frac{1}{\sqrt{2}}\Big(|D_1\rangle + i|D_2\rangle\Big), \quad |CCW\rangle \to \frac{1}{\sqrt{2}}\Big(|D_2\rangle + i|D_1\rangle\Big)$$

のような変換になります．ここで，$|D_1\rangle$ は光子が検出器 D_1 に向かっている状態を表しています．また，$|D_2\rangle$ は光子が検出器 D_2 に向かっている状態を表しています．したがって，2 番目のビームスプリッター BS_2 を通過したあとの全状態は

$$|BS_2 を通過した光子\rangle = \frac{1}{2}\Big[(e^{i\theta}-1)|D_1\rangle + i(e^{i\theta}+1)|D_2\rangle\Big]$$

となります[26]．検出器 D_1 がカチッと鳴る確率，つまり，D_1 が光子を検出する確率は

$$P_{D_1} = P(\text{D_1 が光子を検出する確率}) = \frac{1}{4}(e^{-i\theta}-1)(e^{i\theta}-1) = \frac{1}{2}(1-\cos\theta)$$

です[27]．同様に，検出器 D_2 がカチッと鳴る確率は

$$P_{D_2} = P(\text{D_2 が光子を検出する確率}) = \frac{1}{2}(1+\cos\theta)$$

です．

当然ですが，2つの確率を加えると 1 になることに注意してください．つまり，$P_{D_1} + P_{D_2} = 1$ です．これらの確率は，干渉計の経路差とともに振動します．言い換えれば，θ とともに振動します．この振動が図 3.7 に見られた干渉縞です．縞の**原因**は，2番目のビームスプリッター BS_2 で生じる現象に由来します．BS_2 は 2 つのビームを混ぜ合わせ，本質的に光子がどちらのビームにあるかという情報をかき混ぜてしまいます．経路長の差の変化が，位相差 θ を通して，どちらの検出器を光子が透過するかという確率を調整します．もし経路長が等しければ，$\theta = 0°$ なので $\cos 0° = 1$ です．そのため，D_1 がカチッと鳴る確率はゼロ（$P_{D_1} = 0$）で，D_2 がカチッと鳴る確率は 1（$P_{D_2} = 1$）になります．つまり，等しい経路長であれば，検出器 D_2 が 100% カチッと鳴り，D_1 は絶対に鳴りません．一方，位相差が $\theta = 180°$ の経路差であれば，$\cos 180° = -1$ より検出器の応答は逆になります．位相差 θ が $0°$ と $180°$ の間にあれば，2台

---

[26] （訳注）

$$\begin{aligned}|\text{BS_2 を通過した光子}\rangle &= \frac{1}{\sqrt{2}}\left(e^{i\theta}|CW\rangle + i|CCW\rangle\right) \\ &= \frac{1}{\sqrt{2}}\left(e^{i\theta}\frac{1}{\sqrt{2}}(|D_1\rangle + i|D_2\rangle) + i\frac{1}{\sqrt{2}}(|D_2\rangle + i|D_1\rangle)\right) \\ &= \frac{1}{2}\left(e^{i\theta}(|D_1\rangle + i|D_2\rangle) + i(|D_2\rangle + i|D_1\rangle)\right)\end{aligned}$$

に $i^2 = -1$ を使って，項をまとめるだけです．

[27] （訳注）

$$P_{D_1} = \left(\frac{1}{2}(e^{i\theta}-1)\right)^* \left(\frac{1}{2}(e^{i\theta}-1)\right) = \frac{1}{4}(e^{-i\theta}-1)(e^{i\theta}-1).$$

の検出器がカチッと鳴りますが,音の大きさはその位相差に対する確率に比例します.

位相差が $\theta = 0°$ や $\theta = 180°$ の特別な場合,光子が 2 番目のビームスプリッター BS_2 を出たあと,必ず,同じ方向に向かうことを私たちは知っています.しかし,位相差がそれ以外の値の場合には,ビームスプリッター BS_2 を出たあとの光子がどちらの方向に進むかは予言できません.位相差が $\theta = 90°$ のとき,$\cos 90° = 0$ なので,2 台の検出器がカチッと鳴る確率はともに 1/2 です.これは,2 番目のビームスプリッター BS_2 から出てきた光子が,2 台の検出器に同じ確率で入射することを意味しています.

上述したような,どちらかの検出器が確実にカチッと鳴る特別な場合を除けば,次のような興味深いことに気づきます.それは,最も基本的なレベルにおいて,**偶然**が自然のもつ本来の要素[¶28]であるという事実を,量子力学の統計的な予言は反映している,ということです.つまり,このような統計的な予言の背後に,より深い説明は何もないのです.少なくとも,それがコペンハーゲン解釈の視点です.これに関しては,もっとあとで述べます.

まとめると,もし実験を経路情報がわかるように設定すれば,光子は粒子の性質をもつこと,他方,経路情報がわからないようにすれば,光子は波の性質をもって干渉を示すことを学びました.このような相補的な振る舞いは,電子や他の粒子の振る舞いと厳密に同じです.

特に,光子を含む干渉が 1 つ 1 つの光子で見られるのではなく,ちょうど電子の場合と同じように,**集団**で見られることに注意してください.ヤングの実験のような干渉実験では,前章で示したように,干渉の古典的な説明は可能です.そのため,光子の概念を持ち出す必要はありませんが,あえて使えば,この干渉実験の場合,光線ビームには同時にたくさんの光子が含まれています(これは,黒色ガラスで強く減衰しなければ,レーザー光でも正しい).

しかし,グレンジャーたちの実験は,干渉効果を起こすために,1 回に 1 個の光子しか含んでいませんでした.そして,この実験は干渉の原因を理解するときに,解釈上の困難が生じるまさに単一光子レベルのものです.これは,電

[¶28] (訳注) irreducible element の訳語です.

子の場合とまったく同じ状況です．詰まるところ，すべての干渉効果の説明は，1回に1個の粒子を扱う1粒子レベルで使われる同じ説明の繰り返しに過ぎません．

3.3　遅延選択実験

　上述した単一光子実験では，どのようなタイプの実験を行うかという選択を前もってしておく必要があります．もし光子の粒子的な性質が見たければ，検出器は1番目のビームスプリッター BS_1 の出力側に置かなければなりません．あるいは，光子の波動的な性質が見たければ，BS_1 の出力を2番目のビームスプリッター BS_2 の入力にしなければなりません．

　しかし，光子が1番目のビームスプリッター BS_1 を通過した**あとまで**，実験の選択を遅らせることができるとしてみましょう[29]．そうすれば，光子がどこかで検出される直前に，実験のタイプを瞬時に変えることができます．では，このような操作によって，光子を波動的に振る舞わせたり，粒子的に振る舞わせたりすることが本当にできるのでしょうか？

　光速の非常な大きさを考えれば，このような2つの配置を交換して，実験装置を設定し直すことは無理な話です．しかし，この議論の本質は，経路情報の利用可能性または経路情報の消失にあります．したがって，どのような方法でもよいから，経路情報を瞬時に見せたり，あるいは，瞬時に隠したりする方法さえあれば，実験装置を再設定するのと同じ操作をすることになります．図3.9に，技術的に可能な遅延選択実験の方法を示しています．

　反時計回りビームの途中に置かれた**ポッケル・セル**は，非常に高速なスイッチを含む電気回路につながった電子光学装置です．1番目のビームスプリッター BS_1 から干渉計に入射した単一光子は，確定した偏りをもっています．ポッケル・セルは電圧がかかる結晶で作られています[30]．もし，電圧がオフならば（スイッチが開いていれば），光子は乱されることなく通過して，干渉計は光子

---

[29]（訳注）このような実験のことを遅延選択実験（delayed-choice experiment）といいます．

[30]（訳注）電圧をかけると複屈折を起こす結晶で，ある軸に沿って偏った光と，その軸に垂直に偏った光の速度が異なります．軸を調整すれば，セルに入射した光を90°偏光させて出力します．

第3章　粒子と波の二重性：光子

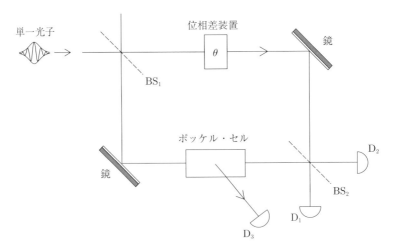

図 3.9　遅延選択実験の図．高速スイッチに連結したポッケル・セルは干渉計のアームの1つに置かれている．セルがオフのとき，経路情報は使えないので単一光子は干渉を起こす．しかし，オンのとき，たとえ光子が1番目のビームスプリッター BS_1 を通過しても，経路情報が利用できるので BS_2 の出力に干渉は現れない．

の波動性を示します．なぜなら，経路情報が使えないからです．

　一方，スイッチがオンであれば（閉じていれば），ポッケル・セルにかかる電圧が光子の偏光を回転させます．そして，偏光フィルターによって，光子は検出器 D_3 のほうに向かいます．この場合，検出器 D_3 がカチッと鳴れば，光子が反時計回りの経路をとったことを**知る**ことになります．しかし，たとえ検出器がカチッと鳴らなくても，スイッチがオンである限り，経路情報をまだ得ることができます．なぜなら，光子が検出器 D_1 か D_2 のどちらかに到達するには，光子は時計回りの経路を回ってこなければならないからです．そのような場合，光子が1番目のビームスプリッター BS_1 をランダムに通過または反射したあとに，再び2番目のビームスプリッター BS_2 でランダムに通過または反射する結果として，検出器 D_1 と D_2 はランダムにカチッと鳴るでしょう．したがって，ポッケル・セルがオンのとき干渉を示さないので，BS_2 が光子をランダムに反射，透過させる限り，1番目のビームスプリッター BS_1 は実質的に取

り除かれていることになります．

　この遅延選択実験は，1978 年にプリンストン大学のホィーラー（Wheeler）によって提案されました．1980 年代半ば，2 つの実験グループ（メリーランド大学のアレイ（Alley）が率いるグループとミュンヘン大学のウォルター（Walther）が率いる別のグループ）がこのような遅延選択実験を行いました．結果はどうだったでしょうか？

　量子世界のことが少しわかってきたみなさんには，予想がつくでしょう．予想は，ポッケル・セルがオンのとき干渉は現れず，ポッケル・セルがオフのとき干渉は現れる，となるはずです．実験はこの予想が正しいことを示しました．つまり，光子が 1 番目のビームスプリッター BS_1 を過ぎたあとで，実験のタイプを突然変えても，粒子的な振る舞いと波動的な振る舞いをまだ再現できることを実証しました．

　スイッチの切り替えがどれほど速いかというフィーリングをもつために，具体的な数値を示しましょう．干渉計の経路の長さは，約 4.3 m です．光速の光子はこの経路を約 14.5 ナノ秒で進みます[¶31]．つまり，1 億分の 1 秒の 14.5 倍という非常に短い時間です．しかし幸いなことに，ポッケル・セルはもっと短い時間，つまり，10 ナノ秒よりも短い時間で反応します．この急速なスイッチの切り替えが，遅延選択実験を実験室レベルのセッティングで可能にしました．

　この結果にもかかわらず，実際には，いま述べたアレイとウォルターの実験にはちょっとした問題があります．2 つの実験はともにレーザー光を非常に減光させたパルスを使いました．このことは，本章のはじめに話した光源の性質を思い出させます．それは，レーザー光のパルスの中の光子は，実験者が仮定するように，つねにただ 1 個であるというよりは，むしろ 2 個一緒にいるほうが統計的に起こりやすいということです．ほとんどのパルスは 1 個の光子だけであっても，たまに 2 個存在するという事実が，アレイたちの実験を遅延選択実験の厳密で「クリーンな」実証実験と見なすことに疑念を起こさせます．

　しかし，2007 年にグレンジャーとアスペが指導するフランスのグループが，単一光子を非常に精度よく生成する光源を使って実験を繰り返しました．彼ら

[¶31] (訳注)経路長 ÷ 光速 = $4.3\,\mathrm{m} \div (3 \times 10^8\,\mathrm{m/s}) = 1.45 \times 10^{-8}\,\mathrm{s} = 14.5 \times 10^{-9}\,\mathrm{s} = 14.5\,\mathrm{ns}$

は光源として，ダイヤモンド結晶にトラップされた単一原子を使いました．さらに，干渉計を開閉するスイッチを操作するために，量子的な乱数発生器も利用しました（第6章でもっと話します）．そして遂に，光子が干渉計へ入射してからスイッチを作動させるまでの時間を，光子がスイッチに到達するのに要する時間よりも，かなり短くなるように改良しました．その結果，非常にクリーンな実験ができ，量子力学の予言と一致することを実証しました．

　もう1つの遅延選択実験の方法は，時間と空間のもっと大きなスケールで行うもので，これもホイーラーによって提案されました．このアイデアは，**重力レンズ**として知られている現象をうまく利用するものです．

　アインシュタインの一般相対性理論[†9]によれば，重力場は光線を場の源のほうに偏向させます．この予言は，1919年に皆既日食のとき，太陽の近くで見られる星の位置の視差を観測することによって実証されました．重力レンズ効果は太陽レンズ効果と似たようなものですが，もっと大きなスケールです．このアイデアは図3.10に描いています．非常に遠く離れたクェーサー[†10]のような天体からの光線は，クェーサーと地球との間のどこかにある重い銀河によって，地球上の観測者まで重力的に偏向されます．図3.10に示すように，観測者は介在する銀河の両側に2つのクェーサーの像を見ることになります．

　重力レンズ効果は，実際には，長く観測されてきました（これはアインシュタインの一般相対性理論の別の確認になります）．図3.10から明らかなように，2つの像の観測は経路選択実験になっています．しかし，実験者は干渉縞が観測できる干渉実験も自由に実行できます（図3.10と図2.7を比べて，その類似性に注目してください）．さしあたり，遠いクェーサーから放出された1個の光子だけを考えることにしましょう．クェーサーは10億光年離れているので，光子が地球に到達するまでに10億年かかります．このことは，経路選択実験か

[†9] 一般相対性理論は，重力が時空の曲率の結果として生じることを述べています．曲率自体は物質とエネルギーの存在から生じるものです．

[†10] クェーサーは準恒星状電波源を表します．この物体は明らかに宇宙膨張の初期段階での銀河です．クェーサーは光学的には明るい天体ですが，ラジオ波の波長域でも強力な電波源です．普通の星はラジオ波の光源ではありません．クェーサーは天文学的に遠く離れています．つまり，クェーサーは数百万光年か数十億光年離れたところにあります（1光年は光が1年間に進む距離で，約6兆マイルです）．もし，クェーサーを10億光年離れたところに観測するならば，それは10億年前に現れた光を見ていることになります．

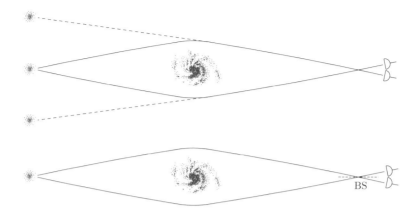

図 3.10 ホィーラーによって提案された遅延選択実験で,遠く離れたクェーサーから放出され,そして,銀河の重力レンズ効果によって地球の方向に飛んでくる光子を使う.10 億年前の昔にクェーサーを離れた光子の振る舞いを,地球上の観測者が行う実験の種類の操作で決定できる.つまり,(a) 経路選択実験 (上図) か (b) 干渉実験 (下図) を選択できる.

干渉実験のどちらを実施するか決めるために,観測者に 10 億年の時間が与えられていることを意味します.もちろん,光子が放出されたとき,地球上に人類はいなかったし,介在する銀河のそばを光子が通過したあとの長い時間にも人類はいませんでした.要点は,実験者が実験の決断をする前に,光子が地球にほとんど到達していたこと,そして,私たちは 10 億年もの"遅延"をもった遅延選択実験ができるということです.

現在の決断が,過去に遡って,遠い宇宙の 10 億年前に放出された光子の振る舞いに影響することはない,と信じるとしましょう.もし,これが正しいならば,光子の性質は特定の実験装置が置かれた瞬間に決定され,その直前までは,光子の性質は不確定である,と結論せざるを得ません.これこそ,究極の遅延選択実験と言えるでしょう.

🐾 3.4 無相互作用測定

この章の最後に,単一光子による干渉計に関するもう 1 つの実験を話しましょ

第 3 章　粒子と波の二重性：光子

う．一般社会の常識からすれば，ある物体の存在を検知するには，少なくとも 1 個の光子をその物体から散乱させる必要があります．でも，もうさほど驚くことではないかもしれませんが，そのような一般常識はときどき間違います．干渉計の 1 つの経路に物体を置いて，その存在を検出する方法には 2 つあります．1 つは，物体から散乱される光子を検知する方法です．ところが，もう 1 つはこれから示すように，物体が光子を散乱しなくても，その物体が検知できる方法です．

　この方法は**無相互作用測定**（interaction free measurement）とよばれるもので，エリツァー（Elither）とバイドマン（Vaidman）が提案したものです．必要な実験装置は，図 3.11 のように，1 番目のビームスプリッター BS_1 に入射する単一光子と干渉計です．そして，反時計回りの経路のほうに物体を置いたり，取り除いたりします（実際の実験では，単一光子の源は原子ではありませんでした．第 4 章でそのような実験やその他の実験で単一光子を生成する現代的な方法を説明します）．

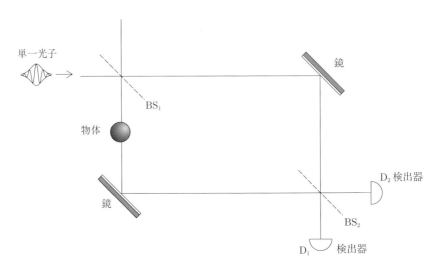

図 3.11　無相互作用測定の図．反時計回りの経路上に置いた物体の存在は，たとえ光子がその物体から散乱されなくても，2 台の検出器の計測率の変化から知ることができる．本文の説明を参照．

まずはじめに，物体を経路に置かない状態を考えます．そして，検出器 D_1 で完全な破壊的な干渉が起こるように，経路の相対的な長さを調整します．こうすれば，物体が反時計回りの経路上にない場合の実験に対して，検出器 D_2 だけが反応することになります．なぜなら，破壊的な干渉のために，光子は検出器 D_1 には向かわず，検出器 D_2 だけに向かうからです．

ここで，図 3.11 のように，反時計回りの経路上に物体を置いたとします．これによって，すべてが変わります．なぜなら，経路選択情報が使えるからです．図 3.11 を見ながら，次のように考えましょう．1 番目のビームスプリッター BS_1 で，光子が水平に透過する（時計回りの経路）か下方に反射する（反時計回りの経路）かは，50:50 の確率です．

もし反射すれば，光子は物体に散乱されてしまうので，D_1 と D_2 のどちらも反応しません．そのため，物体がそこにあり光子を散乱したことがわかります．なぜならば，私たちは光子が（反時計回りの）経路を通ったことを知っているからです．そして，光子が D_1 と D_2 のどちらかの検出器を反応させる（時計回りの）経路をとらなかったことがわかるためです．

もし，光子が 1 番目のビームスプリッター BS_1 を透過すれば，2 番目のビームスプリッター BS_2 に必ず到達します．つまり，そこ以外に行くところはありません．2 番目のビームスプリッター BS_2 までの経路の 1 つは，物体で遮られているので，干渉は起きません．BS_2 の作用は BS_1 の作用と同じなので，時計回りの経路を通る光子があれば，ビームスプリッター BS_2 は 50% の確率でその光子を反射か透過させます．これは，検出器 D_1 がときどき検出器 D_2 の代わりに反応することを意味します．

まとめると，次のようになります．実験の総回数のうち，その 50% は検出器 D_1 と D_2 のどちらも反応しません（つまり，物体があり，それによって光子が散乱されます）．そして，残りの 50% は検出器 D_1 と D_2 のどちらかが反応します．

検出器 D_2 が反応する実験（全実験の 25%）からは，私たちは何も学ぶことはできません．なぜなら，物体が経路になければ，D_2 がつねに反応しますし（干渉計は D_2 だけが反応するように設定されていることを思い出してください），物体が経路にあっても，ときどき D_2 は反応するからです．しかし，残りの実

験（全実験の 25%）では，D_1 だけが反応します．D_1 の反応は，光子が時計回りの経路を**通り**，そして，反時計回りの経路には物体が存在することを，曖昧さなしに教えてくれます（経路に物体がないとき，D_1 で完全な破壊的干渉が起こるようにしていることを忘れないでください．）．

　この効果は本物で，当時，インスブルック大学のツァイリンガーのグループによる実験で実証されました．ともかく，光子は物体のそばまで行かないけれども，経路を遮る物体の存在を明らかにします．この「暗闇のなかで見る」（seeing in the dark）という効果は，量子力学の奇妙さのなかで最も不可解な**非局所性**に対するヒントを与えてくれます．非局所性とは，作用が離れた場所に瞬時に影響を与えるという量子現象の 1 つの性質です．非局所性とその含意については，第 4 章でもっと詳しく話しましょう．

参考文献と参考図書

Alley C. O., Jakubowicz A., Steggerda C. A., and Wickes W. C., "A delayed random choice quantum mechanical experiment with light quanta", in *Proceedings of the International Symposium of the Foundations of Quantum Mechanics*, Tokyo, ed. S. Kamefuchi (Physics Society of Japan, 1983) p. 158.

Elitzur A. C., and Vaidman L., "Quantum mechanical interaction-free measurement", *Foundations of Physics* 23 (1993), 987.

Grangier P., Roger G., and Aspect A., "Experimental evidence for a photon anticorrelation effect on a beam splitter: A new light on single photon ineteferences", *Europhysics Letters* 1 (1986), 173.

Hellmuth T., Walther H., Zajonc A., and Schleich W., "Delayed-choice experiment in quantum interference", *Physical Review A* 35 (1987), 25–32.

Jacques V., Wu E., Grosshans F., Treuussart F., Grangier P., Aspect A., and Roch J.-F., "Experimental realization of Wheeler's delayed -choice gedanken experiment", *Science* 315 (2007), 966.

Kwiat P., Weinfurter H., Herzog T., Zeilinger A., and Kasevich M. A., Interaction-free measurement, *Physical Review Letters* 74 (1995), 4763.

Taylor G. I., "Interference fringes with feeble light", *Proceedings of the Cambridge Philosophical Society* 15 (1909), 114.

Wheeler J. A., in *Mathematical Foundations of Quantum Mechanics*, ed. Marlow A. R., Academic Press, 1978, p. 9.

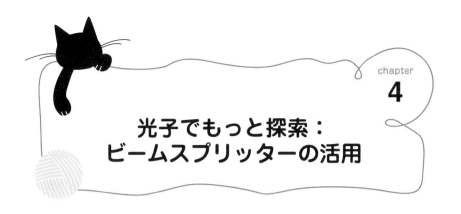

光子でもっと探索：
ビームスプリッターの活用

😺 4.1　能動的な光学装置と受動的な光学装置

　第3章において，1回に1個の光子を使って量子的干渉を実証する目的で，鏡やビームスプリッターで単一光子を操作する話をしました．このとき，全体を通して，問題の単一光子は原子から自然放出によって生成されると仮定しました．そこでは，励起された電子がより低いレベルまでランダムに遷移して，光子を放出します．これが，グレンジャーらの実験での光子の光源でした．

　しかし，光子の光源として他のタイプの光源を探す理由が少なくとも2つありました．まず，自然放出の間，光子は原子から勝手な方向に飛び出すので制御できません．そのため，実験装置に入射する光子が非常に少なかったのです．つまり，1つ目の理由は光子の制御と効率の問題を解決するためです．2つ目の理由は，もし2光子以上を使った実験ができれば，前章で述べたものよりももっと奇妙な現象を量子論は予言しているためです．

　第3章で述べたビームスプリッターは，「受動的な」光学装置とよばれるものの1つです．前に強調したように，ビームスプリッターは光子のビームを**分けるだけです**．その意味は，1つ1つの光子を反射か透過のどちらかだけにするということです．理想的なビームスプリッターは，光子を変化させたり，振動数を変化させたり，別の光子を作ったりすることなどありません．

　一方，**能動的な**光学装置というものがあります．これは，光子を壊すだけでなく，異なるエネルギーと異なる伝搬方向の光子を作り出せる装置です．このような光学装置は，例えば，ビームスプリッターや鏡を作るために使われる普

第4章　光子でもっと探索：ビームスプリッターの活用

通のガラスのような**線形物質**では作れません．

　能動的な光学装置は，一般に**非線形結晶**で作られます．非線形結晶は，十分に高いレーザー光で照射されると，レーザー光の強い電場によって電気的な振動を生じます．この振動は入射レーザー光の振動数だけでなく，それよりも高い値や低い値でも起こります．そして，結晶から入射レーザー光と異なる振動数をもった指向性の強い光が放射されます．強い電場をもった光は，振動を励起させ，他の振動数で光を生成させるために必要です．

　このようなプロセスの研究は**非線形光学**とよばれるもので，この分野の研究は，1960年にレーザーが発明されてから生まれました．その理由は，レーザーがそれ自身とは異なる振動数で，電気的振動を起こさせるのに十分なだけの光強度を生成できたからです．一方，ビームスプリッター，レンズなどの光学装置は，異なる振動数の光を放射できないので，このような受動的装置の基礎になる光学は**線形光学**とよばれています．

　ここでは，**タイプI自発的パラメトリック下方変換**（SPDC）[¶32]として知られている特別な非線形光学過程を考えましょう．タイプI下方変換では，放射される光はすべて同じ偏向をもっています．このプロセスでは，振動数 f_L の強いレーザー光が非線形結晶に入射します（典型的な f_L はスペクトルの紫外線部分に属します）．この強いレーザービームを**ポンプビーム**とよびます．結晶内で，強く振動するレーザー電場が存在するために，振動数 f_1 と f_2 の2つのビームが生成され，図4.1に示すように，結晶から飛び出します．この場合，ポンプビームは入射方向の軸に沿って結晶から飛び出し，2つの新しいビームは，その軸と一定の角度をなして伝搬していきます．

　実のところ，図4.1の2次元図はこのプロセスの様子を正しく表していません．実際には，図4.2のように，振動数 f_1 と f_2 をもった光子はポンプビームの軸を中心にした2つの円錐に沿って結晶から伝搬していきます．円錐になる理由はこの章のあとで説明します．下方変換プロセスは，それほど効率は良く

[¶32]（訳注）Type I spontaneous parametric down-conversion の略．タイプI自発的パラメトリック下方変換はもつれあった（エンタングルした）光子を作る方法の1つです．非線形結晶によって作られた2個の光子の振動数を足すと元の光子の振動数に等しくなります．つまり，この変換で光子の振動数が元の振動数より下がるから，"下方"変換というのです．

4.1 能動的な光学装置と受動的な光学装置

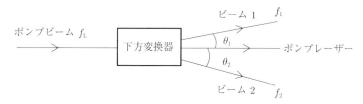

図 4.1 下方変換器の結晶に当てた振動数 f_L のポンプレーザー光は，より低い振動数 f_1 と f_2 の 2 つの光子に変換する．エネルギー保存則から $f_L = f_1 + f_2$ が成り立つ．下方変換で生じたビームは，異なる角度で現れる．ただし，下方変換で生成されるビームは弱くて，入射レーザー光の大半は乱されることなく結晶を通り抜けていく．

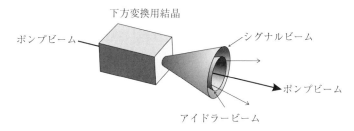

図 4.2 下方変換で生成された光ビームは，実際には異なる 2 つの同心の円錐に沿ったどこかに現れる．2 つの出力ビームは，目的に応じてシグナルビームとアイドラービームと名付ける．図には，2 つの円錐を描いているが，本当は同心で連続的に広がる円錐の集合になっている．

ありません．そのため，下方変換された振動数 f_1 と f_2 で作られるビームの強度は，ポンプの強度に比べて非常に小さくなります．

ここまでは，強い強度をもった古典的な光の波を使って，下方変換を説明してきました．光子レベルに話を移せば，新たに現れるものがあります．それは，ときどき，ポンプビーム内の 1 個の光子（およそ，100 万分の 1）が，図 4.3 に示すように，振動数 f_1 と f_2 の 2 個の光子に分かれる現象です．エネルギー保存則のため，$f_L = f_1 + f_2$ です（振動数 f の光子のエネルギーは $E = hf$ で与

第4章 光子でもっと探索：ビームスプリッターの活用

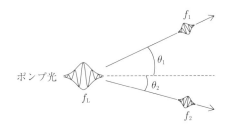

図4.3 光子レベルでの下方変換．ポンプ光はより低い振動数の2個の光子に変換される．下方変換されるのは，ポンプ光のおよそ100万分の1だけである．

えられます．ここで h はプランク定数です）[33]．このような **娘の光子** [34] が同時に作られます．

　運動量保存則より，2個の娘光子の全運動量は親光子の運動量に等しいので，2個の娘光子はポンプ光子の方向を含む同じ平面上に放出されます．しかし，放出される角度は2個の娘光子のエネルギーに依存します．この例が，図4.1に示されているものです．もしビーム1とビーム2をポンプ光子の軸の周りで，角度を保ったまま回転させれば，図4.2のような2つの同心円錐になります．

　2個の娘光子には広い帯域のエネルギーが許されるので，$f_L = f_1 + f_2$ である限り，連続的な同心円錐になります．この状況が図4.4に描かれています．図4.4は，結晶から飛び出してくる光の広がりを，観測者側から見たものです．もし2個の娘光子が異なるエネルギーをもっていれば（例えば，1つはスペクトルのオレンジ部分に，もう1つは赤い部分に），2個の光子は別々の円錐に沿って現れます．同じマークは，ペア（対）になった2個の光子の飛び出し口を表しています．このペアの光子のことを **共役な光子** ともいいます．

　一方，2個の娘光子の振動数が等しい場合，つまり，$f_1 = f_2 = f_L/2$ の場合，図4.5のマークのように，ペアの光子は同じ円錐に沿って反対側に飛び出します．もちろん，この光子下方変換に対して，娘光子のペアが飛び出す位置は，円錐の円周上のどこにあっても構いませんが，図4.5に示すように，つねに直径

---

[33] （訳注）振動数 f_1, f_2 の光子のエネルギーを $E_1 = hf_1$, $E_2 = hf_2$ とすれば，$E = E_1 + E_2$ が成り立ちます．

[34] （訳注）振動数 f_1 の光子と振動数 f_2 の光子のことです．

4.1 能動的な光学装置と受動的な光学装置

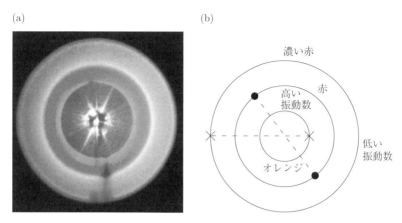

図 4.4 (a) 下方変換で現れる光の円錐を真っ正面から撮った写真．ポンプ光は円の中心．光の外側の円錐は濃い赤で，低い振動数である．一方，中心に近い円錐はオレンジ色に対応した，やや高めの振動数領域である．(b) 破線で結ばれた●印や×印は相関をもった光子が現れる点を表す．●印は同じ円錐の両側にあることに注意しよう．これはアイドラーとシグナルの光子が同じ振動数（つまり，ポンプ光の振動数の 1/2）をもっていることを意味する．ソース：国立 IST の資料を基に作成．

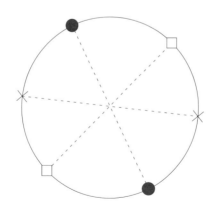

図 4.5 同じ振動数で相関している光子ペアは，円錐の円周のどこからでも取り出せる．破線で結んだ 2 点から現れる光子が相関している．

第 4 章 光子でもっと探索：ビームスプリッターの活用

の両端になります．

　実際の実験では，円の直径の両端にある同じ振動数と（エネルギーと）の光子ペアを 1 つ選びます．このペアは 2 つの方向に沿って伝搬していきますが，これ以外の光子はすべて無視します．これは，ペアだけを通す 2 つの穴を開けたビームブロックを結晶の前に置けば，簡単に実現できます．このとき，このブロックの中心はポンプビームの軸方向にとります．そうすれば，ポンプビームもブロックされます．したがって，2 つの穴からやってくる光子だけが（同時に生成された）ペアであると保証されます．そして，これ以外の光子は，ペアであってもなくても，すべて排除されます．この方法によって，同時に生成されたという意味で，相関をもった光子ペアを作ることができます．

　これから始める話では，ここで説明したような方法で，同じエネルギー（同じ振動数）の光子を選択していることを仮定します．選択した光子は，同じ偏光をもっています．この偏光はポンプビームの偏光に対して垂直です．このように選択された光子ペアは，伝搬方向以外はすべての面で似ているので，**双子**（ふたご）とよぶことにします．

　ところで，娘光子が同時に生成されていることが，どのようにしてわかるのでしょうか？　それは，もちろん，実験からです．1970 年に，（NASA で働いていた）バーナム（David Burnham）とワインバーグ（Donald Weinberg）は強いレーザー光でポンプされた非線形結晶からの出力ビームのなかに，光子検出器を設置しました．そして，結晶から検出器までの距離を，1 個の光子が検出されたとき，もう一方の光子も検出されるように（つまり，同時に検出器が反応するように），調整しました．光子**ペア**が下方変換によって生成される**時刻**はわかりませんが，この実験はペアになった 2 個の光子が**同時刻**に生成されたことを教えてくれます．

　光子ペアの同時生成を使って，下方変換プロセスはかなり興味深い実験に利用されています．その例のいくつかをこのあとに簡単に説明しますが，1970 年のバーナム–ワインバーグ実験は，1980 年代と 1990 年代を通して行われた量子光学の革命的な一連の実験の鍵になったものです．そして，現在もこのような状況は続いています．

　下方変換を使った実験を説明する前に，光子下方変換の効率がかなり**低い**こ

とをもう一度述べておきます．100万個のポンプ光子に対して約1個の光子ペア（$1:10^6$）が下方変換される程度なので，ほとんどのポンプ光子は結晶を通り抜けます．さらに，他のプロセスも起こることがあります．例えば，2個のポンプ光子が同時に4個に下方変換して，双子の2光子状態を作ることがあります（それぞれのビームにペアが存在します）．このプロセスの変換効率は1個のポンプ光子からペアを作るよりもかなり低くなり，約$1:10^{12}$です．3個のポンプ光子が6個に下方変換して，それぞれのビームに双子の3光子状態を作ることもあります．この変換効率はさらに低くなります．

　新しい実験と新しく現れる効果の話に進む前に，前章で話した単一原子の電子遷移装置を使った単一光子に関するすべての実験が，この下方変換器DCに置き換えて実行できること，そして実際に，この方法で実験されていることを述べておきましょう．図4.6に示すように，ポンプビームを下方変換器DCで下方変換して生成された光子ペアに対して，ペアのなかの1個の光子を干渉装置の1番目のビームスプリッターに入れ，残りの1個の光子を検出器のほうに

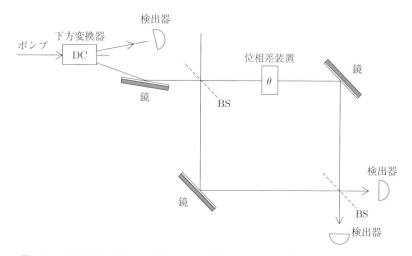

図4.6　干渉実験に使われる単一光子光源としての下方変換器（DC）．光子はペアで生成される．そのため，下方変換器からの出力ビーム側にある検出器でペアのうちの1光子が検出されれば，ペアの片割れの光子が干渉計に入射したことが実験者にわかる．

第 4 章 光子でもっと探索：ビームスプリッターの活用

入れるのは簡単です．そして，検出器が反応すれば，ビームスプリッターのほうに光子が入ったことが実験者にわかります．

単一光子による干渉実験は，1990 年に下方変換された光子を使って，クワイアット（Kwait）とチャオ（Chiao）が再び行いました．そのあと，同じ光源を用いて，「無相互作用測定」実験がクワイアットたちによって行われました．これらの実験では，生成されたペアのなかの **1 個の光子**だけが使われたことに注意してください．

しかし，下方変換では（時間的に）強く相関した光子ペアが生成されるので，この **2 個の光子**を直接含むような新しい種類の実験も可能になります．このような実験が，まさにこれから話すもので，単一光子実験では観測できない，もっと豊かでもっと驚くべき量子干渉が登場します．

🐾 4.2 2 光子をビームスプリッターに

これまでのところ，図 4.7 のように，ただ **1 個**の光子がビームスプリッターの**片側**だけに入射する実験を考えてきました．入射光子は 50:50 ビームスプリッターのために 50%の確率で透過か反射をします（これ以降は，すべてのビームスプリッターは 50:50 を仮定します）．ペアになっているもう 1 個の光子は，1 番目の光子と伝搬方向が異なるだけで，それ以外はすべて同じ（同じエネルギー，同じ偏光）状態です．この光子を図 4.7 の真空側から図 4.8 のように，ビーム

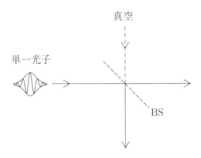

図 4.7　ビームスプリッター BS の片側だけに単一光子が入射する．もう一方には入射光子はゼロなので，真空と書かれている．

4.2 2光子をビームスプリッターに

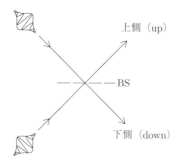

図 4.8 単一光子がビームスプリッター BS の両方の入力に同時に入射する場合．出力ビームの方向を「上側 (up)」と「下側 (down)」で区別する．

スプリッターに入射させることを考えましょう．

ここで質問です．出力ビームの性質は何でしょうか？ ビームスプリッター BS に 2 個の光子が到達する時間に関連して，2 つの場合を考えなければなりません．1 つ目の可能性は，2 個の光子が異なる時間にビームスプリッターに入射する場合です．すなわち，1 つ目の光子は 2 つ目の光子が入射する前に，遠くへ飛んでいってしまう．この場合，**2 個の光子は互いに重なることはないので，お互いのことを「気に掛けず」に，独立に振る舞うことができます．**

2 つ目の可能性は，2 個の光子が同時にビームスプリッターに入射する場合で，このときは，すべてが変わります．この場合，図 4.9 から簡単にわかるように，次の 4 つの状態が起こります．

(a) 両方とも「上側 (up)」のビームに現れる状態：$|2\,\text{up}, 0\,\text{down}\rangle$，
(b) 両方とも「下側 (down)」のビームに現れる状態：$|0\,\text{up}, 2\,\text{down}\rangle$，
(c) 両方とも透過するビームに現れる状態：$|1\,\text{up}, 1\,\text{down}\rangle$，
(d) 両方とも反射するビームに現れる状態：$|1\,\text{up}, 1\,\text{down}\rangle$

という状態です．(c) と (d) は終状態が同じです．そのため，区別できない (c) と (d) の過程に対しては，確率振幅を足し合わさねばなりません．ただし，振幅の大きさは同じですが，符号は反対になることに注意が必要です．その理由

第4章 光子でもっと探索：ビームスプリッターの活用

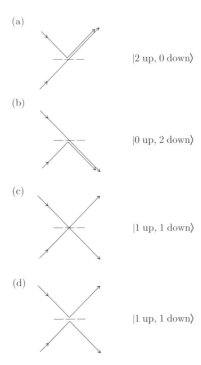

図 4.9 2 光子が同時にビームスプリッターの両側に入射する場合の 4 つの可能な出力：(a) 両方とも「上側」のビームに現れる，(b) 両方とも「下側」のビームに現れる，(c) 両方ともビームスプリッターを透過する，(d) 両方ともビームスプリッターで反射する．(c) と (d) の終状態は区別できない．

は，2 個の光子がそれぞれビームスプリッターを透過する場合，終状態は単に $|1\,\mathrm{up}, 1\,\mathrm{down}\rangle$ ですが，両方が反射される場合には $i = \sqrt{-1}$ という因子がつき，終状態は $i \times i\,|1\,\mathrm{up}, 1\,\mathrm{down}\rangle = -|1\,\mathrm{up}, 1\,\mathrm{down}\rangle$ となるからです ($i \times i = -1$)．

このため，区別できない (c) と (d) の結果 $|1\,\mathrm{up}, 1\,\mathrm{down}\rangle$ を足し合わせると，互いに打ち消し合い（量子干渉の 1 例），終状態の全体は

$$|\text{終状態}\rangle = \frac{1}{\sqrt{2}}\Big(|2\,\mathrm{up}, 0\,\mathrm{down}\rangle + |0\,\mathrm{up}, 2\,\mathrm{down}\rangle\Big)$$

となります¶35．これは，まさに，区別できる (a) と (b) の過程の結果を重ね合わせたものです．係数 $1/\sqrt{2}$ は 50：50 ビームスプリッターを仮定しているために現れたもので，2 個の光子が進む経路に関して偏りがないことを意味しています．

もし，2 台の光子検出器をビームスプリッターの 2 つの出力側に置いて，1 台が反応し，もう 1 台が何も反応しなければ，(a) と (b) の 2 つのプロセスを曖昧さなしに区別できたことになります．このような区別できるプロセスの間には，量子干渉は起こりません．したがって，2 台の光子検出器を BS の出力ビーム側に置いて，ビームスプリッターの両側からそれぞれ 1 個の光子を同時に入射させる実験を繰り返せば，2 台の検出器はそれぞれ 50％ ずつ反応するはずで，同時計測されるものは 1 つもありえません¶36．

この実験はグレンジャーのグループで行った **1 個の光子** だけを含む実験と似ていますが，今回の実験にはビームスプリッターに 2 つの異なる方向から入射する **2 個の光子** が必要です．そして，**同時計測がない理由** は量子干渉のためです．これは，1 個の光子の場合では見られない効果です．すぐに関連した実験を話したいのですが，その前に，なぜ光子がビームスプリッターを出てから同じビーム内で一緒になろうとするのか，その理由を少し説明しておきましょう．

自然界には，基本的に異なる 2 種類の粒子があります．**ボソンとフェルミオン**です．この 2 種類の粒子は，完全に異なる個性をもっています．フェルミオンは**内気な粒子**です．電子，陽電子，中性子，陽子，クォークなどがこれに属します．フェルミオンは 1 人になりたがる傾向があります．事実，フェルミオンは**パウリ排他律**として知られる非常に重要な物理学の原理に従います．これは，2 個のフェルミオンは同時に同じ量子状態を占めることはできないという原理です．私たちはみんな，このパウリ排他律に感謝しなければなりません．なぜなら，この排他律がなければ，私たちは存在していなかったからです．化学反

¶35 （訳注）光子がビームスプリッターで反射するとき，対応する振幅に i がつくことに注意すれば，4 つの状態の和は $i|2\,\text{up}, 0\,\text{down}\rangle + i|0\,\text{up}, 2\,\text{down}\rangle + |1\,\text{up}, 1\,\text{down}\rangle + i^2|1\,\text{up}, 1\,\text{down}\rangle = i|2\,\text{up}, 0\,\text{down}\rangle + i|0\,\text{up}, 2\,\text{down}\rangle + |1\,\text{up}, 1\,\text{down}\rangle + (-1)|1\,\text{up}, 1\,\text{down}\rangle = i|2\,\text{up}, 0\,\text{down}\rangle + i|0\,\text{up}, 2\,\text{down}\rangle$ となり，2 つの状態だけが残ることになります．それらが等確率 (1/2) で現れる（50：50 ビームスプリッターを仮定している）ので，確率振幅 $\frac{1}{\sqrt{2}}$ がつきます．

¶36 （訳注）95 頁の訳注 37 を参照してください．

応が起こるのは，電子がこのパウリ排他律の原理に従うためです．もし，この原理がなければ，すべての原子がもっているすべての電子は最低のエネルギー状態になり，化学反応に寄与する価電子は存在しません．

電子は原子内の許されるすべてのエネルギー状態をすべて満たしますが，実際には，パウリ排他律のために，それぞれの状態にはただ1個の電子しか存在できません．より低いエネルギー状態は電子で満たされているので，この低いエネルギー状態より高いエネルギーをもった電子のなかに価電子になるものが現れます．この価電子が，他の原子の価電子と結びついて化学結合し，化学反応を起こすのです．

一方，ボソンは**社交的な粒子**です．一緒になるのが好きで，パウリ排他律には従いません．1つの量子状態に，好きなだけボソンを集めることができます．光子はボソンです．他のボソンとして，原子核内部の弱い力を伝えるW粒子とZ粒子，そして，クォーク間の強い核力を伝えるグルーオン，さらに，重力を伝達する重力子などがあります．

ボソンとフェルミオンの基本的な違いが，2個の光子がビームスプリッターの両側に入射するとき生じる現象，つまり，互いにクラスター化する現象をある程度は説明します．光子のクラスター化が，第3章で話したハンブリー・ブラウン–ツイス効果です．

しかし，2個のフェルミオンが適切に設定されたビームスプリッターの両側に入射するならば，これらの粒子は別々のビームに現れるでしょう．この逆相関の予言は，ハンブリー・ブラウン–ツイス効果のフェルミオン版です．電子を含んだこの種の実験が，2つ行われています．1つはスイスのバーゼル大学でヘニィー（Henny）らによる1999年の実験です．もう1つは，ドイツのテュービンゲン大学でキーゼル（Kiesel）らによる2003年の実験です．彼らは，この効果を確認しましたが，電子は同じ符号の電荷をもっているので，互いに斥力がはたらく粒子です．

光子は電荷をもっていないから，互いに直接的な相互作用はありません．光子を使った実験と似た実験を遂行するためには，電荷をもたないフェルミオンを使わなければなりません．中性子は，電荷をもたないフェルミオンです．2006年に，イタリアのグループ（イタリアのローマ大学と他の大学のイアヌッ

4.2 2光子をビームスプリッターに

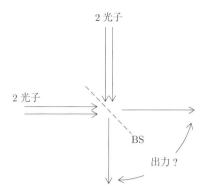

図 4.10 4光子が同時にそれぞれビームスプリッターの両側に（それぞれ2光子で）入射するとき何が起こるだろうか．本文中に示されているように，状況は各入力側にただ1個の光子がある場合と比べてかなり複雑になる．

ジ（Iannuzzi）と協力者たち）が中性子を使った実験で，逆相関効果を実証しました．

　光子の社交性に関する話のなかで述べた，光子がビームスプリッターでどのように振る舞うかを教えるガイドは，残念ながら，一般性のあるものではありません．例えば，図4.10のように，2光子がそれぞれビームスプリッターの両側に入射すると（全体で4個の光子），前節での話から，終状態は

$$|\text{終状態}\rangle = \frac{1}{\sqrt{2}}\Big(|4\,\text{up}, 0\,\text{down}\rangle + |0\,\text{up}, 4\,\text{down}\rangle\Big)$$

だと素朴に考えるかもしれませんが，実は，そうではありません．ビームスプリッターは，このようには作用しません．この式は間違っています．光子が3個以上含まれると，状況はかなり微妙になります．本当の終状態は

$$|\text{終状態}\rangle = \sqrt{\frac{3}{8}}\Big(|4\,\text{up}, 0\,\text{down}\rangle + |0\,\text{up}, 4\,\text{down}\rangle\Big) + \frac{1}{2}|2\,\text{up}, 2\,\text{down}\rangle$$

です．つまり，実験を繰り返し行うと，$3/8((\sqrt{3/8})^2 = 3/8)$ の確率で $|4\,\text{up}, 0\,\text{down}\rangle$ の状態と $|0\,\text{up}, 4\,\text{down}\rangle$ の状態が検出されます．一方，$|2\,\text{up}, 2\,\text{down}\rangle$ の状態も $1/4((1/2)^2 = 1/4)$ の確率で検出されるので，両方

の検出器が反応します．

　同じ出力ビーム内に，4個のすべての光子を含んでいる状態はそれでも全出力状態の大きな成分ですが，2つのビームがそれぞれ2個の光子を含む確率もあります．しかし，1個の光子や3個の光子がどちらかの出力ビームに現れる可能性はないことに注意しましょう．その理由は，1光子や3光子を含む振幅はすべて消しあうからです．このような4個の光子状態は実験室で生成され，検出されていますが，ここではこれ以上は扱わないことにします．

4.3　ホーン–オウ–マンデルの実験

　いま，私たちは量子力学の予言を少し知っています．では，実験はどうでしょう？　1987年に，ロチェスター大学のホーン（Hong），オウ（Ou），マンデル（Mandel）たちは，下方変換の2出力ビームを使って，図 4.11 のように，1光子が同時にビームスプリッター BS の両側に入射する実験を行いました．

　この実験の背後にあるアイデアは次のようなものです．前述したように，ポンプ光子は下方変換によって光子ペア，あるいは，**姉妹**光子になります．でも，ポンプ光子の変換効率が非常に低いことを覚えているでしょう．ほとんどのポ

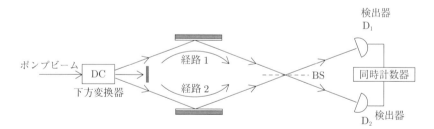

図 4.11　ホーン–オウ–マンデル（Hong-Ou-Mandel）の実験装置．ポンプビームは，下方変換器（DC）で光子ペアを生成したあと，止められて何の役割もしない．光子はビームスプリッター（BS）を反射あるいは透過して，検出器（D_1，D_2）のほうに向かう．検出器の出力は最終的に同時計数器に入る．ここで，2台の検出器に同時に到着（数値をカウントするかカチッと音がする）した光子がわかる．量子力学によれば，光子が BS に同時に到着すれば，同時計測数はゼロになる．図のような配置を**ホーン–オウ–マンデル干渉計**という．

ンプ光子は，DC 結晶をただ素通りするだけです．しかし，ポンプ光子が実際に下方変換されるときは，姉妹光子が同時に生成され，そして，同じ偏光をもっています．同じ偏光をもつことが，最も重要なポイントなのです．

ここでの目標は，下方変換器 DC の結晶から（2 つの異なるビームに飛び出す以外は区別がつかない）ペアの光子をビームスプリッターの両側にもっていくことです．これは，図 4.11 に示す 2 つの鏡を使えばできますが，経路 1 と経路 2 の長さがかなり違っていれば，ペア光子の姉と妹は異なる時刻にビームスプリッターに到着します．その場合は，2 個の光子は独立に行動します．つまり，実験を繰り返せば，どちらの光子もそれぞれ 50% の確率でビームスプリッターを透過か反射します．

光子検出器 D_1 と D_2 の出力が，同時計数器の入力になります．そして，同時計数器は短い時間の間隔内で（D_1 と D_2 の両方が光子を検出すれば）同時計数の測定をします．そのため，もし一方の光子がもう一方の光子よりもわずかに遅れてビームスプリッターに入射すれば，2 個の光子はビームスプリッターで重ならないので，異なる経路がとれます．その結果，2 台の光子検出器が反応することになり，これが同時計測の検出数になります．

しかし，もし 2 個の光子がビームスプリッターに同時に入射するように，経路の長さを調整すれば，先ほどの議論[37] に基づいて，同時計測の検出数はゼロになるはずです．これが，まさにホーン，オウ，マンデルたちが実験で見つけたものです．ビームスプリッターの位置を（数マイクロメーターのオーダーで）わずかに調整することで，経路長は調整されます．

図 4.12 は 10 分の時間間隔で計測された同時計測の検出数を，ビームスプリッターの位置の関数としてプロットしたものです．同時計測がほぼゼロを示すプロットの鋭い窪みは，ビームスプリッターの出力状態が

$$|終状態\rangle = \sqrt{\frac{1}{2}}\Big(|2\,\mathrm{up},\,0\,\mathrm{down}\rangle + |0\,\mathrm{up},\,2\,\mathrm{down}\rangle\Big)$$

であるというシグナルです．窪みの両側の領域は，経路長がかなり違っているところなので，それぞれの光子が互いに独立に振る舞うために同時計測の検出

---

[37] （訳注）91 頁の「同時計測されるものは 1 つもありえません」という結論を導く議論です．

第4章 光子でもっと探索：ビームスプリッターの活用

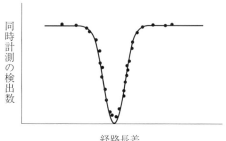

図 4.12 ホーン–オウ–マンデル実験の結果の図．一方の経路長の長さを変えることにより，光子が進む距離も変わる．そのため，2光子を異なる時間に到着させることができる．同時計測の数はビームスプリッターの位置の関数としてプロットされている．距離がほぼ等しいとき，計測数ははほぼゼロの鋭い窪みになる．ビームスプリッター面上に正確にビームを重ねることは困難なので，計測数は厳密にはゼロにならない．ほぼゼロ近くまでの計測数の消滅は，2光子が下方変換器からビームスプリッターまで同じ距離を伝搬してきたことを示す信号として使える．

数が多くなっています．覚えていてほしい重要な点は，（2個の光子がビームスプリッターの両側に同時に入射するために生じる）同時計測が消滅する理由は，区別できない2つのプロセス（図 4.9 の (c) と (d)）の間の破壊的な干渉のためだということです（つまり，これは純粋に量子力学的な効果なのです）．

🐾 4.4 2つの実験

ホーン–オウ–マンデルの実験はそれ自身興味がありますが，それ以上に，この実験は量子世界の性質をもっと明らかにする重要な実験の出発点になります．この節では，2つの現象を考えます．それは，量子消去と光速より速い（超光速の）量子トンネル効果です．

4.4.1 量子消去

この章の前半で，下方変換によって得られた光子ペアは同じ偏光をもっている，と話したことを思い出してください．これは，**ペアを組んだ光子**のそれぞれが同じ偏光をもつことを意味します．このペア光子がエネルギーと偏光に関

して区別できないという事実が，図 4.9 の 2 つのプロセス (c) と (d) の間の破壊的な干渉を起こした原因です．

さて，このペアの光子が区別できるように，どちらかの光子に印を付けましょう．最も簡単な方法は，図 4.13 のように干渉計内の光子のどちらかの偏光を回転させることです．90° 回転させると，最大限の区別になります．偏光回転装置で光子が回転する以外は，何も変わりません．図 4.13 に示されているマークは，黒点が紙面に垂直な偏光を表し，矢印が紙面に平行な偏光を表しています．下方変換から放出される 2 個の光子は，紙面に垂直に偏光していると仮定します．そして，回転装置はこの垂直偏光を水平偏光に回転（90°回転）させるとします．したがって，光子がビームスプリッターに同時に入射するときは，これらの偏光の違いがお互いを独立に振る舞わせることになります．それはあたかも，相棒がそこに存在していないかのように独立に振る舞います．

その結果，実験総数の半分は 2 個の光子が同じ方向に放出されるので，1 台の検出器だけが反応します．一方，実験総数の残りの半分は，2 個の光子が互いに反対方向に放出されるので，2 台の検出器が反応します（つまり，同時計測を検出します）．この同時計測反応が起こった理由は，干渉計内の光子の 1 つに付けたマークが，光子の同時計測を禁じていた破壊的な干渉（図 4.9 のプロセ

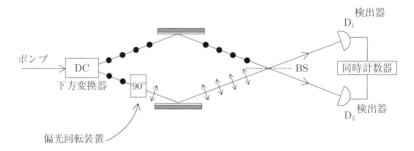

図 4.13　一方のビームに偏光回転装置を置いたホーン–オウ–マンデル干渉計．ビームに沿った黒点が紙面に垂直な偏光を表す．偏光回転装置は，下側のビームの偏光を 90° だけ回転させて，矢印で示すように紙面に平行な偏光にする．この偏光の回転によって，上下のビーム内の光子が区別できるようになる．このため同時計測数をゼロにしていた干渉が壊れるので，同時計測が観測されることになる．

ス (c) と (d) の干渉）を生じないようにしたためです．そのため，この反応は量子干渉効果が消失したことを教えています．ビームスプリッター自体は偏光を変えるようなタイプのものではありません（変えるタイプもあります）．そして，光子検出器は光子の偏光を測定せず，ただ光子の到着を教えるだけです．

さて，前の章で，複数の経路をもつプロセスでは，量子干渉の発生と経路情報は次のようなルールで結びついていることを見てきました．それは，経路選別情報があれば量子干渉が消え，経路選別情報がなければ量子干渉が現れる，ということです．しかし，いまの場合は，これらのルールの一歩先をいっています．つまり，単に経路選別情報を得る**潜在的な可能性**があるだけで，量子干渉を消すことができるのです．なぜなら，たとえ，実際に測定を行わなくとも，どちらの光子の偏光を回転させたかが決定**できる**からです．そのためこの場合も，光子検出器に入ってくる光子の偏光の測定は行いません．

実験を多数回繰り返すと，実験総数の約50％は2台の検出器のうちのどちらかが反応するだけで，2台同時に反応しないことはすぐにわかります．つまり，2台の検出器はそれぞれ実験総数の約25％だけ反応します．

実験総数の**残り50％**は，2台の検出器が同時に反応します．この同時計測が量子干渉の消失を知らせます．そのため，ここでも相補性の例に巡り会ったことになります．しかし，今回の例は巧妙です．つまり，経路選別情報の**消失**は干渉の出現を意味しますが，経路選別情報の獲得のほうはその**潜在的な可能性**さえあれば，実際に測定しなくても，干渉が消せるのです．

もし，90° 偏光回転装置をビームスプリッター BS に入射する手前で **2 つのビーム**に設置すれば，光子は再び識別できなくなるので，すべての光子ペアは再び干渉を示すことになります．

このタイプの実験は，1992年にバークレイカリフォルニア大学バークレイ校でクワイアット，スタインバーグ (Steinberg)，チャオによって行われました．彼らは，はじめにホーン–オウ–マンデルの実験装置を設置し，ホーン–オウ–マンデル干渉計を「調整しました」．調整という意味は，同時計測の光子が観測されないこと，つまり，下方変換からビームスプリッターまでの2つの経路長が等しいことです．それから，**光学的半波長板**という装置を使って，一方のビームの偏光を徐々に変化させました．そうすると，同時計測の検出数はゼロから

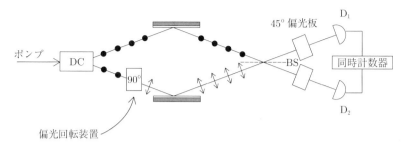

図 4.14 ビームスプリッター BS の後ろに 45° 偏光子を設置すると，90° 偏光回転で与えられた識別情報を消去する．破壊的な干渉が回復するので，再び同時計測数がゼロになる．

上昇し始め，ビームが 90° 回転したときに予測される最大値に到達しました．これは，前の段落で記述した予言と完全に一致しています．

　さてこれから，量子消去の話になります．ビームスプリッターから出てきた 2 つのビームの途中に，図 4.14 に示すような 2 つの 45° 偏光板を置くことにしましょう．そして，入射してくる 2 つのビームの偏光を 45° の同じ方向に向けます．そうすると，2 つの偏光板を通過した光子は**同じように**偏光されるから，2 つの偏光板は回転装置で与えられた（あるいは，少なくとも**潜在的**に与えられる）経路選別情報を**消去**する効果をもつことになります．偏光回転装置は干渉計の**内側**に設置され，2 つの偏光板は干渉計の**外側**に設置されていることに注意しましょう．経路選別情報を消去することによって，量子干渉の回復[38]が予言通りに観測されることを，チャオたちが示しました．

4.4.2　量子トンネリング：光は光速を超える？

　量子論のもっと変わった予言の 1 つは**トンネリング**です．テニスボールをコンクリート壁に当てれば，跳ね返ってきますが，これは**古典物理**の確実な予言です．しかし，これに似た運動を原子レベルの物体でやったとしましょう．例えば，電子をある種の障壁に向けて発射します．そのとき，ある条件のもとで，図 4.15 のように，電子が壁を**通り抜ける**ことが可能になり，**古典的には禁止さ**

---

[38]（訳注）つまり，「同時計測数 = 0」になることです．

第 4 章　光子でもっと探索：ビームスプリッターの活用

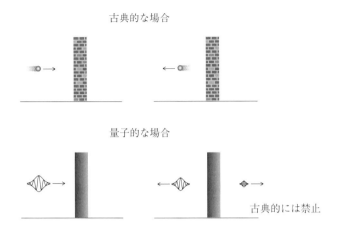

図 4.15　トンネリングの説明．レンガ造りの壁に当てたボール（古典的な物体）はつねに跳ね返る．しかし，波動関数で表される量子力学的な粒子は壁をトンネルするチャンスがある．古典的粒子にはできない芸当である．

れている領域に電子が見いだされます．

　もし，たくさんの電子を障壁に発射すれば，（障壁の性質に依存しますが，おそらく）ほとんどが反射され，そして，一部が透過するでしょう．このような透過したものが**トンネル**したことになります．**障壁**という言葉は，慎重に使う必要があります．電子の場合，障壁は電子同士を反発させるように作用する電場の存在から生じています．もし電子が反発力に打ち勝つほどに十分な運動エネルギー（運動のエネルギー）をもっていれば，図 4.16(a) のように，電子は簡単に障壁を越えて右側に飛んでいきます．しかし，運動エネルギーが反発力に打ち勝つほど強くなければ，図 4.16(b) のように，電子は左側に反射されるか，ある確率で右側にトンネルするかのいずれかです．

　トンネリングは厳密に量子力学的効果で，古典的なアナロジーはありません．まさにこの理由のために，非常識的であり，量子ミステリーの仲間になるのです．トンネリングは量子力学を使って記述できます（実際，量子力学で予言されたものです）が，それによって，この現象の基本的なミステリーがなくなったわけではありません．この状況は，物質粒子の干渉が量子力学で説明できても，波と粒子の二重性のミステリーがなくなったわけではないのと同じです．

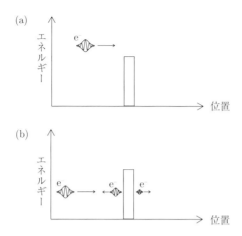

図 4.16 電子が電気的な障壁に入射する．障壁は直方体で表している．その高さが障壁のもつエネルギーを表す．(a) もし電子が障壁のエネルギーよりも大きな運動エネルギーをもっていれば，電子は簡単に障壁を越えていく．(b) もし電子の運動エネルギーが障壁のエネルギーよりも小さければ，向こう側にトンネルできる．つまり，電子は反射されるチャンスとトンネリングするチャンスをもっている．

トンネリングは，多くの分野の基礎的過程で重要な役割を果たします．量子物理学の領域では，ロシアの物理学者ガモフがアルファ崩壊の放射能を説明するために初めて使いました．アルファ崩壊は，ウラニウム（92個の陽子と146個の中性子からなる原子核）のような重い原子核がときどきアルファ粒子（2個の陽子と2個の中性子からなるヘリウム原子核）を放出する過程です．アルファ粒子は，周りの陽子や中性子による集団的な核力のために存在するポテンシャルエネルギーの壁をトンネルします．放出されたアルファ粒子は，エネルギー障壁を乗り越えるだけの十分なエネルギーをもっていませんから，アルファ粒子が障壁をトンネルし得ることを示しています．トンネリングは，多くの量子力学的な現象と同じように確率的です．トンネリングが本質的な役割を果たす別の例としては，太陽のエネルギー源になる熱核融合反応もあります．

トンネル効果自体の驚くべき性質とは別に，電子（あるいは他の粒子）が障壁をトンネルするのにどれくらいの時間を要するのかという疑問があります．こ

第4章 光子でもっと探索：ビームスプリッターの活用

の疑問は，古典物理を使って解くことはできません．なぜなら，古典物理には対応する例がないからです．しかし，量子論は粒子がほとんど瞬時に障壁をトンネルすることを示唆しているように見えます．

科学史的には，少なくとも電子を用いて，このことをテストするのは難しいことでした．しかし，そのようなテストは光子を使えば**可能です**．このテストが，ホーン–オウ–マンデル干渉計のもう1つの応用例になります．前に述べたように，2個の光子を同時に生成できる下方変換のプロセスを使えば，このテストが可能になります．

さて，カリフォルニア大学バークレイ校でスタインバーグ，クワイアット，チャオたちが行った量子トンネリングの実験の話をしましょう．図4.11のホーン–オウ–マンデル干渉計を使って，前と同じように，同時計測がゼロになるように調整しておきます．今回は，図4.17のように，ビームの1つに障壁を置きます．この障壁は，本質的に鏡ですが，普通の鏡ではありません[†11]．下方変換からの入射光子の99%を反射し，1%だけを通す鏡です．障壁を置いたので，干渉計のバランスはくずれています．実験の総数の99%は1台の検出器が反応するだけですが，この反応はただ1個の光子がビームスプリッターを越えてやって来たことを意味します．当然，その光子は，図4.17の下側のビームを通って来なければなりません．したがって，この99%の実験はすべて捨てます．

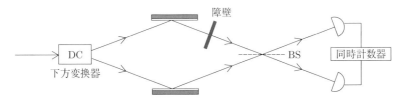

図 **4.17** 1つの経路に障壁を設置したホーン–オウ–マンデル干渉計

[†11] 鏡は光が異なる速さで通過する2種類の透明な薄いガラスを使って，それらを交互に重ねた薄い層で作られています．それぞれの層は光の速さが異なるように光を遅らするだけですが，適当な間隔と多層の金属コーティングによって，光の99%を反射します．一方，普通の鏡は鏡に入射する光の約15%ほど吸収できる金属コーティングのガラスです．

残り1%の実験で，2個の光子が検出器に到着するので（光子は異なる時間で着きます），実験者はトンネリングした光子と下側のビームを通ってきた光子との到着時間を比較することができます．このとき，2つの可能性があります．

1つ目は，2個の光子がビームスプリッターに異なる時間で到達する可能性です．この場合は，2個の光子は独立に振る舞うので，検出器は2回反応することになります（同じ検出器がなる場合も，2台の検出器がなる場合もあります）．しかし，2つの反応時間には遅れがあります．ビームスプリッターは，光子の個性をかき混ぜてしまうので，どちらが先に到着するかを決めることはできません．

2つ目は，もちろん，ビームスプリッターに2個の光子が同時に到着する可能性です．この場合，同時計測の検出数は量子干渉のためにゼロになるので，どちらか1台の検出器だけが反応することになります¶39．

障壁を置くと，光子は同時にビームスプリッターに入射しないことを実験者たちは観測しました．そして，彼らは，一方の経路の長さを変えることによって，ただ1台の検出器だけが反応するように，干渉計のバランスを調整しました．

素朴に考えれば，**障壁を通らなかった光子が先にビームスプリッターを通る**と予想するでしょう．そして，密度の高い媒質中を通過する光が遅くなるのと同じように，トンネリングする光子のほうが遅くなるだろうと予想するでしょう．この予想の通りであれば，干渉計は**障壁のない経路（下側の経路）**を伸ばすことによってバランスできるはずです．つまり，2個の光子がビームスプリッターに同時に入射するように，下側の経路を少しだけ伸ばして，光子を遅らせばよいはずです．

しかし，実際は，そうではありませんでした．実験者が見つけたのは，干渉計をバランスさせるために**伸ばすべき経路は障壁を含むほう**でした．そうであれ

¶39 （訳注）4.2節で説明したように，まったく同一の光子（識別できない光子）がビームスプリッターに入射すると，2個の光子は（破壊的干渉によって）必ずどちらかに偏って出力されます．そのため，同時検出数がゼロになります．そして，同時検出数がどれだけゼロに近いかが，光子の同一性を表す指標になります．ちなみに，この現象を初めて実証した実験が図4.11のホーン–オウ–マンデルの干渉実験で，この効果をホーン–オウ–マンデル効果といいます．また，この効果は光子のバンチングとよばれることもあります．その意味は，光はバンチ（塊）を作りやすく，光子同士はBSで出会うと同じ方向に行き，異なる方向には行かないためです．（3.2節と4.3節も参照）．

第4章 光子でもっと探索：ビームスプリッターの活用

ば、障壁を含む経路を通る光子は、普通の光速 $c = 300,000\,\mathrm{km/s}$ ではなく、その1.7倍の**超光速**で伝わることになります。もし、光速が宇宙の究極の速さの限界であるとすれば、光はなぜ超光速で伝わったように見えるのでしょうか？

アインシュタインの特殊相対性理論によれば、光の速さよりも速く伝わる信号はありません。この制限は、因果律から要求されるものです。もし光速よりも速い（超光速）信号送信が可能であったら、原因よりも前に結果が現れて、因果律を破ることになります。相対論は古典論です。そして、日常の古典的世界では決して原因よりも前に結果が生じることはありません。では、ここで述べた実験は、新しい超光速通信技術の前兆なのでしょうか？　ひょっとして、映画**スタートレック**で聞いたような「部分空間のチャンネル」のような技術なのでしょうか？　残念ながら、答えはノーです。

信号の送信は、超光速では不可能です。それにもかかわらず、古典物理学においても、超光速的な**効果**は存在します。しかし、それは光速よりも速く伝わる信号ではありません。簡単な例として、図 4.18 のように、レーザースポットがスクリーン上を横切るように回転しているレーザーを考えてみましょう。もしレーザーが一定の速さで回転していれば、スクリーン上を横切るレーザースポットの速さはスクリーンとレーザーとの距離だけで決まります¶39。そして、スクリーンまでの距離が十分大きければ、レーザースポットの速さは光速を超

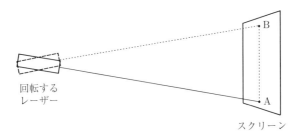

図 4.18　回転しているレーザーは A から B までスクリーン上を動くレーザースポットを生成する。もし、スクリーンがレーザーから十分に離れていれば、スクリーンを横切るレーザースポットの速さは光速を超える。しかし、レーザースポットの運動は通信には使えない。

¶39　（訳注）レーザースポットの速さ (v) は角速度 (ω) と半径 (r) の積 $v = r\omega$ で与えられます。

えることができます．つまり，超光速です．しかし，この効果を使って，2人の間で交信することはできません．

　それでは，チャオの実験で明らかになった，見かけ上，超光速でのトンネル効果はどのように説明できるのでしょうか？　思い出してほしいことは，ポンプ光から下方変換によって放出される2個の姉妹光子は同時に生成されるということです．これが意味することは，ペア**自体**はいつ生成されたのかはわからない，つまり，ペア生成の時間に不確定さがあるということです．したがって，2個の光子は，図4.19のように，伝搬方向に沿って広がった**波束**で記述されることになります．これらの波束は，実際にはペア生成の時間に関係した確率です．2個の光子の間に強い相関があるので，波束の同じ部分の間にも強い相関があります．1個の光子を見いだす確率は波束の山頂で最大であり，波束の端では非常に小さくなります．いま，障壁が置いてある経路上の光子を光子1，そうでないほうの経路上の光子を光子2としましょう．さて，光子1の波束が障壁に到達したとき，波束は99%が反射し，1%が透過するように分離します．

　図4.20のように，反射した波束は左向きに動きますが，それ以外は入射波束に似ています．一方，透過した波束は全体的に小さく，狭くなります．このとき，透過した小さな波束は，少しだけ光子2の波束よりも前方にあることに

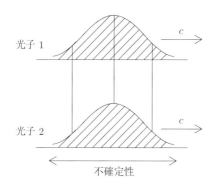

図4.19　下方変換器で作られた2つの強い相関をもった光子の波束（実際は，確率）．伝搬方向に沿った波束の広がりは，光子が生成された時間の不確定性に関係している．波束内の光子を見いだす確率は山頂（ピーク）で最大になる．

第4章　光子でもっと探索：ビームスプリッターの活用

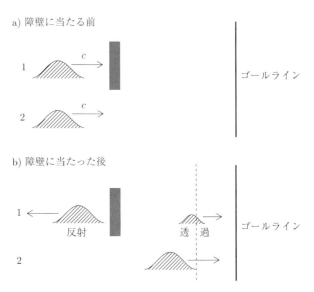

図 4.20　2個の光子は光速で進む．光子1は障壁にぶつかるが，光子2はぶつからずにゴールラインまでいく．光子1の波束は障壁で分離し，ほとんどの波束は反射される．しかし，透過する小さな波束は光子2の波束の山頂よりも少し前方に山頂をもっている．

注意してください．でも，小さな波束は光よりも速く動いてはいません．むしろ，光子1の入射波束が進行とともに"再形成されている"（reshaped）と考えるべきです．そして，**その小さな波束**に見られる山頂は入射波束の先端で発生したものと考えるべきです．このような再形成効果は，他の光学実験でも見られるものです．再形成の結果は，透過した波束の山頂が光子2の波束の山頂よりも先に行くことです．そのため，光子1が先に検出器に到着します．**波束が検出器に到着するまでは，光子自身は反射された波束のなかにも透過した波束のなかにも存在しません．**実際は，両方の重ね合わせです．そして，光子は，99%の確率で反射波束のなかにいるのです．

光子検出器が反応するとき，光子の全量子状態（前述のような重ね合わせ状態）は検出器で収縮します．このような収縮は，瞬間的に生じると考えるべきです．あるいは，少なくとも，これまでの実験ではそのように見えます．このよ

うな超光速効果は，この節のはじめに話したような，高速回転のレーザービームスポットと同じように，通信には使えません．

🐾 4.5　奇抜な実験：光子を別の光子で制御[†12]

　この章の締めとして，ゾウ（Zou），ワーン（Wang），マンデルによる 1991 年のロチェスター大学での実験の話をしましょう．この実験は，光子の干渉を干渉する経路に存在しない他の光子との相互作用によって操作できる（干渉を消したり，出現させたりする）ことを示します．図 4.21 のように，実験装置には 2 台の下方変換の結晶が配置されています．注意してほしいことは，もし 1 番目の下方変換器（DC_1）の下側ビームにビーム止め B（可動板）がなければ，下方変換器 DC_1 と 2 番目の下方変換器 DC_2 の右下の方向に放出される出力ビームは揃っているということです．

　この実験は，おそらく一連の実験をなぞりながら説明するのが一番わかりやすいでしょう．図 4.21 の装置において，まずビーム止め B はビームから取り除かれていると仮定します

　レーザーから紫外線のポンプ光がビームスプリッター BS_1（50:50 を仮定）に

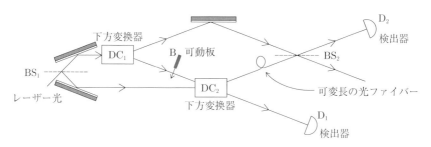

図 4.21　ゾウ–ワーン–マンデル実験装置の図．完全な説明は本文を参照．2 台の下方変換器 DC_1 と DC_2 の下側の出力ビームが揃っており，検出器 D_1 に向いていることに注意すること．

[†12] グリーンバーガー，ホーン，ツァイリンガーの "Multiparticle interferometry and superposition principle"（Physics Today 46 (1993), 22）から，この実験の文献を引用しました．

第4章 光子でもっと探索：ビームスプリッターの活用

入射すると，下方変換器 DC_1 に向かう光子と下方変換器 DC_2 に向かう光子は 50%ずつの確率をもった重ね合わせ状態になります．ただし，ビームスプリッター BS_1 のために，光子はどちらかの経路に存在するのではなく，両方の重ね合わせ状態であることを忘れないでください．ポンプ光が下方変換器に入射すると，光子ペアが生成されます．DC_1 のほうが DC_2 よりビームスプリッター BS_1 に近いので，BS_1 から下側にでたビームの光子が DC_2 に到達する前に，BS_1 から上側にでたビームの光子が DC_1 に到達します．DC_1 に到達したポンプ光は光子ペアを作り，このペアの片割れの光子が DC_2 に向かいます．

しかし，下方変換器 DC_2 に到達したポンプ光もまた光子ペアを生成します．ポンプ光は1番目のビームスプリッター BS_1 の2つの出力経路に関係した重ね合わせ状態であるという事実のために，2台の下方変換器の出力も重ね合わせ状態になります．図4.21から，2台の下方変換器の下側の出力ビームは揃っており，検出器 D_1 に向かっていることに注意してください．このような配置のために，検出器 D_1 が反応するときは，その光子がどちらの下方変換器（DC_1 と DC_2）の結晶で発生したものかを決定することはできません．揃った経路に沿った検出器 D_1 で検出された光子の光源の不確定性は，検出器 D_2 に到達する光子の光源も不確定であることを意味します．その不確定性は，ビームスプリッター BS_2 の作用によってもたらされます．

それでは，この検出器 D_2 にくる光子は DC_1 と DC_2 のどちらで生成されたものでしょうか？ この問いに対して，量子力学は確定的な答えを与えることはできません．実際には，両方の可能性の重ね合わせ状態です．ちょうど第3章で話したような，ビームスプリッターを出てきた単一光子の場合のように．したがって，経路長を変えることによって，単一光子の干渉現象が検出器 D_2 で観測できることになります．そのためには，片方のビームに異なる厚さのガラスを挿入するか，長さの調節できる光ファイバー[13]（図4.21のループ）を挿入すればよいでしょう．

いま，ビーム止め B を挿入することにします．この場合，検出器 D_1 で検出

---

[13] 光ファイバーは光信号を送る細いガラスの線です．ファイバー内の光は**全反射**によって閉じ込められています．みなさんはきっとコンピュータや通信回線で光ファイバーを耳にしたことがあるでしょう．

される光子はどれも下方変換器 DC_2 で生成されたものでなければならないのは当然です．これは，D_2 に到達する光子が DC_2 でも生成されたものであることを意味します．

一方，もし検出器 D_2 が反応して，検出器 D_1 が**反応しない**ならば，その光子は下方変換器 DC_1 で生成されたことがわかります．どちらの場合も，光子の生成に対して曖昧さがありません．そのため，検出器 D_2 で干渉は起こるはずはありません．これがまさにゾウ，ワーン，マンデルが見つけたものです．この実験の重要性は，干渉を消したり出現させる操作が，干渉する経路には無関係な経路上におけるビーム止め B の挿入や除去によって実行できるということです．事実，この実験は量子干渉が単に異なる経路からの干渉だけでなく，異なるプロセスからの干渉でもあることを実証しています．

この章では，非線形結晶内の光子ペア生成，いわゆる，下方変換プロセスを基礎にしたいくつかの実験を調べてきました．このあとの話にもこの装置は登場しますが，話をこれ以上続ける前に，**量子もつれ**（量子エンタングルメント）の概念について説明をしなければなりません．実は，すでにこの概念を先の2つの章で明瞭に断らずに使いました．これから，この概念に真っ正面から向かい合って，量子論の最も奇妙な性質である**非局所性**に取り組みましょう．

第 4 章　光子でもっと探索：ビームスプリッターの活用

参考文献と参考図書

Burnham D. C. and Weinberg D. L., "Observation of Simultaneity in Parametric Production of Optical Photon Pairs", *Physical Review Letters* 25 (1970), 84.

Chiao R., Kwiat P. G., and Steinberg A. M., "Faster than Light ?", *Scientific American*, August 1993, p. 52.

Henny M., Oberholzer S., Strunk C., Heinzel T., Ensslin K., Holland M., and Schönenberger C., "The Fermionic Hanbury Brown and Twiss Experiment", *Science* 284 (1999), 296.

Hong C. K., Ou Z. Y., and Mandel L., "Measurement of subpicosecond time-intervals between two photons by interference", *Physical Review Letters* 59 (1987), 2044.

Iannuzzi M., Orecchini A., Sacchetti F., Facchi P., Pascazio S., "Direct Experimental Evidence of Free-Fermion Antibunching", *Physical Review Letters* 96 (2006), 080402.

Kiesel H., Renz A., and Hasseltach F., "Observation of Hanbury Brown - Twiss centicorrelations for free electrons", *Nature* 418 (2002), 392.

Kwiat P. G., Steinberg A. M., and Chiao R. Y., "Observation of a 'quantum eraser': A revival of coherence in a two-photon interference experiment", *Physical Review A* 45 (1992), 7729.

Steinberg A. M., Kwiat P. G.,and Chiao R. Y., "Measurement of the single-photon tunneling time", *Physical Review Letters* 71 (1993), 708.

Zou X. Y., Wang L. J., and Mandel L., "Induced coherence and indistinguishability in optical interference", *Physical Review Letters* 67 (1991), 318.

chapter
5

奇妙な遠隔作用：エンタングルメントと非局所性

> 重ね合わせ，これこそ，唯一のミステリーだね．
>
> ファインマン（R. P. Feynman）¶40

😺 5.1 唯一のミステリー？

確かに，そうかもしれません．でも，そうでないかもしれません．第 2 章で話した 2 重スリットを通る 1 個の電子のような，ただ 1 個の粒子についての話であれば，ファインマンの言葉は誤りではありません．重ね合わせ状態は，2 つのスリットのどちらかを通る 1 個の電子に対する確率振幅の和です．

しかし，量子力学はまだ他のミステリーをもっています．2 個以上の粒子や 2 個以上の光子ビームを含む重ね合わせ状態の結果として生じるミステリー．これを**エンタングルメント**¶41 の概念とよびます．これは**非分離性**としても知られているものです．もつれ状態の存在は，量子力学から必然的に要求されるも

¶40 （訳注）アメリカ合衆国出身の物理学者（1918–1988 年）です．1965 年，量子電磁力学の業績でシュウィンガー，朝永振一郎とともにノーベル物理学賞を共同受賞しました．物理学の教科書「ファインマン物理学」は世界中で高い評価を受けている不朽の名著です．

¶41 （訳注）「もつれ」や「絡み合い」と訳される用語で，量子世界における最も反直感的な性質です．エンタングルメントを簡潔に言えば，2 個以上の量子的な粒子がどれほど遠くに離れていても，分離しがたく結びついている（強い相関がある）現象のことです．このエンタングルメントは，量子論に対するコペンハーゲン解釈に問題があることを提起する最重要な現象で，この現象により (1) 実在論をとる（これはコペンハーゲン解釈を否定するので，ボーアには受け入れがたい結論）か，(2) 非局所性をとる（これは相対論と矛盾するので，アインシュタインには受け入れがたい結論）かのどちらかの選択を迫られます．この章で詳しく述べられるように，「ベルの不等式」の破れが実証されたことによって，少なくとも (1) は排除されました．ちなみに，(1) の「実在論をとる」ということは，局所的な「隠れた変数」の存在を認めることになります．したがって，ベルの不等式の破れは局所的な「隠れた変数」の存在を否定したことになります．

第 5 章　奇妙な遠隔作用：エンタングルメントと非局所性

のです．そして，これがもう 1 つのミステリーである**非局所性**[¶42] に導くのです．実のところ，第 3 章と第 4 章ですでにエンタングルメントの結果を，この用語を陽に使わずに少し述べてきました．本章で，この概念を明確にしましょう．

この章は，少しばかりこれまでの章に比べて，やむを得ず数式が多くなることを断っておきます．しかし，複雑な計算をするわけではありません．本章では，説明や議論が理解しやすいように，式に番号を付けていきます．

まず，第 2 章で導入した**量子コイン**の話に少しだけ戻りましょう．1 個のコイン状態は，表（head）状態 $|h\rangle$ か裏（tail）状態 $|t\rangle$（この 2 つが唯一許される「古典的な」状態）のどちらかの状態であるか，あるいは

$$|\Psi\rangle = \frac{1}{\sqrt{2}}\bigl(|h\rangle + |t\rangle\bigr) \tag{5.1}$$

のような**バランスした重ね合わせ**状態です．ここで，**バランスした重ね合わせ**状態というのは，表（h）が見つかる（つまり，表であると測定される）確率が 1/2，裏（t）が見つかる確率が 1/2 で等しいからです．

いま，2 個のコインをもっているとしましょう．それをコイン 1 とコイン 2 とよぶことにします．そして，この 2 個のコインが同時に取りうる状態はどのようなものがあるかを考えてみましょう．コイン 1 の表状態を $|h\rangle_1$，裏状態を $|t\rangle_1$ とします．同様に，コイン 2 の表状態を $|h\rangle_2$，裏状態を $|t\rangle_2$ とします．このとき，2 個のコインからなる **2 コイン系**に対して，**古典的**に可能な組み合わせを考えると

$|h\rangle_1|h\rangle_2$：コイン 1 が表（h），コイン 2 が表（h）の状態
$|h\rangle_1|t\rangle_2$：コイン 1 が表（h），コイン 2 が裏（t）の状態
$|t\rangle_1|h\rangle_2$：コイン 1 が裏（t），コイン 2 が表（h）の状態
$|t\rangle_1|t\rangle_2$：コイン 1 が裏（t），コイン 2 が裏（t）の状態

[¶42]（訳注）局所性が破れていることで，2 つの系の間で影響が瞬間的に伝わる性質です．影響が伝わる速さは光速度よりも大きく，遠方で起こった出来事の影響が瞬時に別の場所に伝わります．ちなみに，**局所性**の説明もしておきます．局所性とは，特定の場所における出来事がその瞬間にその場所にのみ影響を与えるという性質です．簡単にいえば，原因のあとに結果が生じるということです．これをアインシュタインの相対論で考えれば，影響は光速を超えて伝わることはないことを意味します．

のような4つの状態をリストアップできます．

このような状態を**積状態**[¶43]といいます．なぜなら，それぞれのコイン状態が独立に指定でき，そして，それらを掛け合わせた状態によって2コイン系の状態を

$$|コイン1の状態\rangle |コイン2の状態\rangle$$

のように積の形で書けるからです．量子力学は重ね合わせ状態を許すので，2コイン系には

$$\frac{1}{\sqrt{2}}\Big(|h\rangle_1 |h\rangle_2 + |t\rangle_1 |h\rangle_2\Big) \tag{5.2}$$

のような状態もあります．しかし，この状態は

$$\frac{1}{\sqrt{2}}\Big(|h\rangle_1 + |t\rangle_1\Big) |h\rangle_2 \tag{5.3}$$

のように，分離（あるいは**因子化**）できることが簡単にわかります．この場合，コイン1は量子的重ね合わせ状態ですが，コイン2は表状態が確定しています．

式 (5.3) の2コイン状態の意味は，コイン1は表と裏に関しては客観的に不確定で，表か裏が見つかる確率は50%であること，一方，コイン2はつねに表で見つかるということです．2個のコインの間のこのような状態には，何の相関もありません．この2コイン系の状態は $|コイン1の状態\rangle |コイン2の状態\rangle$ の積のように，それぞれのサブシステムの状態の積で表せますが，このような状態は他にもたくさん（実際には無限に）あります．例えば

$$\frac{1}{\sqrt{2}}\Big(|t\rangle_1 |h\rangle_2 + |t\rangle_1 |t\rangle_2\Big) = \frac{1}{\sqrt{2}} |t\rangle_1 \Big(|h\rangle_2 + |t\rangle_2\Big) \tag{5.4}$$

は，コイン2が重ね合わせ状態で，コイン1が裏に確定している状態です．

状態が $|粒子1の状態\rangle |粒子2の状態\rangle$ の形に書け，そして，どちらの粒子状態もそれぞれの基底状態の重ね合わせ状態[¶44]で表せる**任意の2粒子系**であ

[¶43] （訳注）2つの状態の掛け合わせで得られる状態は，すべて，それぞれが完全に独立しているので，絡み合った状態（エンタングルした状態）にはなりません．つまり，積状態とは分離可能な状態のことです．

[¶44] （訳注）$|t\rangle_1$ と $|h\rangle_1$ を粒子1の**基底状態**とよび，粒子1が $|t\rangle_1 + |h\rangle_1$ のように重ね合わせ状態に書けることです．粒子2の場合も同様です．

る場合，2個の粒子は互いにまったく独立に振る舞います．そのため，このような系のことを**分離可能な系**といいます．例えば，次のような2粒子状態

$$\frac{1}{\sqrt{2}}\left(|t\rangle_1 + |h\rangle_1\right) \times \frac{1}{\sqrt{2}}\left(|h\rangle_2 + |t\rangle_2\right) \tag{5.5}$$

は，分離可能な系です．ここで，掛け算記号 × は分離可能性を強調するために書いています．粒子1（コイン1）と粒子2（コイン2）はともにそれぞれの基底状態の重ね合わせ状態ですが，2粒子の間にはどのような種類の相関も存在しません．

分離可能性の概念は，3粒子以上の系にも同様な方法で拡張できます．実際には，任意の粒子数の状態に拡張することもできますが，分離可能状態は一般にそれほど面白くはありません．なぜなら，それぞれの粒子が互いにすべて独立に振る舞うからです．

しかし，**分離**できない状態をもつ多粒子系は，非常に興味深い振る舞いをします．次のような重ね合わせ状態

$$\frac{1}{\sqrt{2}}\left(|h\rangle_1 |h\rangle_2 + |t\rangle_1 |t\rangle_2\right) \tag{5.6}$$

を考えてみましょう．この意味は次の通りです．**2個のコイン**が表になるチャンスは50%，**2個のコイン**が裏になるチャンスは50%だということです．測定すれば，両方とも表になるか，両方とも裏になるかだけで，1つが表でもう1つが裏になる場合は決して起こりません．つまり，2個のコインは強く相関しています．

さらに，前の場合とはまったく違って，2コイン状態の全体を，それぞれのコイン状態の積として書くことはできません．シンボリックに表せば

$$\frac{1}{\sqrt{2}}\left(|h\rangle_1 |h\rangle_2 + |t\rangle_1 |t\rangle_2\right) \neq |\text{コイン1の状態}\rangle |\text{コイン2の状態}\rangle \tag{5.7}$$

です．記号 ≠ は「等しくはない」という意味です．このような状態は**分離できない**ので，**もつれている**といわれます[45]．ここで，式 (5.7) の左辺が積状態で

---

[45] （訳注）これを「もつれ状態」といいます．要は，それぞれの粒子の完全に独立した状態の積で表現できない量子状態のことです．

書けないことを証明しておきましょう．そのために，まず2つのコイン状態が表と裏の重ね合わせ状態で

$$|コイン1の状態\rangle = a_1|h\rangle_1 + b_1|t\rangle_1$$
$$|コイン2の状態\rangle = a_2|h\rangle_2 + b_2|t\rangle_2 \qquad (5.8)$$

のように表されると仮定します．ここで，a_1, a_2, b_1, b_2 は確率振幅です．2つを掛けると

$$|コイン1の状態\rangle|コイン2の状態\rangle$$
$$= a_1a_2|h\rangle_1|h\rangle_2 + b_1b_2|t\rangle_1|t\rangle_2 + a_1b_2|h\rangle_1|t\rangle_2 + a_2b_1|t\rangle_1|h\rangle_2 \quad (5.9)$$

となります．式 (5.7) の左辺にはなかった交差項 ($a_1b_2|h\rangle_1|t\rangle_2 + a_2b_1|t\rangle_1|h\rangle_2$) は，$a_1b_2 = 0$ と $a_2b_1 = 0$ と置けば取り除けます．しかし，そうすると，$a_1a_2 = 0$ か $b_1b_2 = 0$ のどちらかが成り立たねばなりませんから，$|h\rangle_1|h\rangle_2$ か $|t\rangle_1|t\rangle_2$ のいずれかの状態だけになります．これらは積状態に他なりませんから，式 (5.9) の積状態から始めると，1項目と2項目 ($a_1a_2|h\rangle_1|h\rangle_2 + b_1b_2|t\rangle_1|t\rangle_2$) だけを残す方法はないことになります．

もつれ状態の別の例は

$$\frac{1}{\sqrt{2}}\left(|h\rangle_1|t\rangle_2 + |t\rangle_1|h\rangle_2\right) \qquad (5.10)$$

で，2個のコインが異なる仕方で相関しています[¶46]．コイン1が表ならコイン2は裏になり，また，コイン1が裏ならコイン2は表になり，それらは互いに1/2の確率で生じます．

このようなもつれ状態は，他にもたくさん可能で，その一般形は

$$|2コイン系の状態\rangle$$
$$= c_1|h\rangle_1|h\rangle_2 + c_2|t\rangle_1|t\rangle_2 + c_3|h\rangle_1|t\rangle_2 + c_4|t\rangle_1|h\rangle_2 \quad (5.11)$$

で与えられます[†14]．

[¶46]（訳注）式 (5.6) とは異なる相関です．
[†14] 係数 c_1, c_2, c_3, c_4 がそれぞれ $a_1a_2, b_1b_2, a_1b_2, a_2b_1$ に等しくない限り，これはもつれ状態です．それ以外の係数では，式 (5.11) の状態は式 (5.9) のような積状態になります．

第 5 章　奇妙な遠隔作用：エンタングルメントと非局所性

　相関の問題には注意が必要です．まず1つ目の注意は，相関自体は量子論に固有のものではないということです．日常生活でも，相関に出会います．もし，1個のサイコロを転がし，1の目が上面に出れば，そのときは確実に6の目が底面に現れます．ここにはミステリーなどありません．なぜなら，この相関はサイコロを作るときにはじめから組み込まれているからです．

　一方，ペアのサイコロがあり，それらを転がすとペアがともに同じ数を現すとしましょう．このとき，数字自体はサイコロを転がすたびに変わっても，転がすたびにつねに揃った数字が現れるとするのです．あるいは，コインの話に戻れば，2個のコインを投げるたびにつねに2つとも表になるか裏になるとしましょう．このような相関を観測すれば，誰もが怪しく思うに違いありません．勝手に，投げ上げた2個のコインや転がしたペアのサイコロが，一体どのようにして同じ読みになることができるのでしょうか？

　本物のコインを投げたり，本物のサイコロを振ったりするとき，これらの物体は古典物理学の決定論的な法則に従います．これは，同一の初期条件と同一の外力のもとでは，同一の結果になることを予言します．しかし，実際には，同一の初期条件と外力をすべてのコイン投げで与えることは不可能ですから，2個のコインを投げ上げるたびに同じ着地を期待することはできないでしょう．しかし，古典力学の**原理**の問題として，投げられた2個のコインに対して，同一の読みを決定論的に生成することは可能です．例えば，$|h\rangle_1|h\rangle_2$ となるように初期条件を設定すれば，2個のコインが必ず表を現すようになります．しかし，この相関ははじめから組み込まれているので，観測される相関はまったく古典力学的なものです．

　次に，2つ目の注意は，2つ以上の物体の間の相関は，非常に離れていても保持されるということです．簡単な例として，手袋を1双[47]もっているとしましょう．これを2つに分けて，区別のつかない2つの箱にそれぞれをこっそり入れたとします．そして，1つの箱をアリスに渡し，もう1つの箱をボブに渡します（アリスとボブは情報の受け渡しに関与する人物としてよく使われる名前です）[48]．ここで，2人はかなり遠く離れているとします．例えば，アリス

---

[47]（訳注）手袋は左右（右手と左手）2つで1セットで，これを1双とよびます．
[48]（訳注）アリスは情報の送り手，ボブは情報の受け手です．

は火星に行き，ボブは地球にいるとしましょう．

　もし，アリスが自分の箱を開けて左手の手袋を見つければ，アリスは即座にボブが彼の箱の中に右手の手袋をもっていることを知ります．もちろん，ボブが自分の箱を開けて右手の手袋を見つければ，ボブはアリスが左手袋をもっていることを知ります．この相関には，まったくミステリーはありません．なぜなら，この相関もはじめから仕込まれているからです．これは，コイン状態 $|h\rangle_1 |h\rangle_2$, $|t\rangle_1 |t\rangle_2$, $|t\rangle_1 |h\rangle_2$, $|h\rangle_1 |t\rangle_2$ が原理的に組み込める話とまったく同じです．

　このような相関はどれもエンタングルメントを含んでいないし，古典的なコインや手袋に対してエンタングルメントを期待することもできません．つまり，ここには量子論に固有なものは何もありません．

　これに対して，量子力学的な物体に対しては，もつれ状態は相関している状態の**重ね合わせ**になります．そうすると，もつれ状態は厳密に量子力学的な相関のため，これまでとは異なる種類の相関が期待されるかもしれません．事実，その通りなのです．

🐾 5.2　収縮と射影に関する注意

　先に進む前に，もつれ状態が含まれるとき，状態の収縮（リダクション）の問題とその帰結に関して少し注意しておくのがよいでしょう．しかし，まず思い出してほしいことは，重ね合わせ状態の単一粒子に何が起こるかということです．もし（再びコインを量子的な粒子として振る舞うと仮定して）重ね合わせ状態

$$|\Psi\rangle = \frac{1}{\sqrt{2}}\Big(|h\rangle + |t\rangle\Big) \tag{5.12}$$

に対して，私たちが表と裏の区別をするためにコイン状態を測定すると，全状態 $|\Psi\rangle$ は $|h\rangle$ か $|t\rangle$ のどちらかに収縮します．このような可能な収縮を

$$|\Psi\rangle \xrightarrow{\text{測定}} |h\rangle \quad \text{または} \quad |\Psi\rangle \xrightarrow{\text{測定}} |t\rangle \tag{5.13}$$

で表します．ここで，式 (5.12) の因子 $1/\sqrt{2}$ は，重ね合わせ状態 $|\Psi\rangle$ を作っている状態 $|h\rangle$ と状態 $|t\rangle$ の確率振幅ですが，測定のとき**検出されなかった**状態の記号と一緒に消えることに注意してください．これは，測定後のコインの状態

第 5 章　奇妙な遠隔作用：エンタングルメントと非局所性

に不確定さがないことを意味します[¶49]．

このため，測定は，コインが前もってどのような属性をもっていたかを明らかにすることはない[¶50]，ということを覚えておくのが重要です．要するに，測定とは，粒子に測定された属性が確定値をとるように，いわば，「態度を決める」ように強いる行為です．これが式 (5.13) の本質です．光子のような，本物の量子的な粒子では，粒子そのものが測定の過程で壊されるかもしれません．確かに，前に述べた光電効果は光子を破壊（吸収）します．

さて，もつれ状態

$$|\phi\rangle = \frac{1}{\sqrt{2}}\left(|h\rangle_1 |h\rangle_2 + |t\rangle_1 |t\rangle_2\right) \tag{5.14}$$

を考えましょう．そして，コイン 1 だけが測定されることを想像しましょう．もし，コイン 1 が状態 $|h\rangle_1$ であることがわかれば，そのとき 2 粒子状態は収縮して

$$|\phi\rangle \xrightarrow{\text{コイン 1 を測定}} |h\rangle_1 |h\rangle_2 \tag{5.15}$$

となります．

コイン 2 の測定はしませんが，もし引き続きコイン 2 の測定をすれば，状態 $|h\rangle_2$ が見いだされます．これはコイン 2 がコイン 1 と強く相関しているからです．このことを，コイン 1 の測定によってコイン 2 は状態 $|h\rangle_2$ に**射影されている**といいます．一般に，測定された状態（コイン 1）には関心はないので，式 (5.15) を

$$|\phi\rangle \xrightarrow{\text{コイン 1 が表であると検知されたとき}} |h\rangle_2 \tag{5.16}$$

のように，射影先だけを書くことにします．他方，測定してコイン 1 が状態 $|t\rangle_1$ であることがわかれば，そのときコイン 2 は状態 $|t\rangle_2$ に射影されるので

$$|\phi\rangle \xrightarrow{\text{コイン 1 が裏であると検知されたとき}} |t\rangle_2 \tag{5.17}$$

と書きます．

[¶49]（訳注）確率が 1 になるという意味です．
[¶50]（訳注）つまり，コインが測定される直前までどのような重ね合わせ状態であったかを知ることはできない，ということです．

5.2 収縮と射影に関する注意

図 5.1 2 個のコインがエンタングルした状態で用意され，離れている観測者アリスとボブに送られる．

このような考え方と記号を，この章で使うことにします．相関している 2 個の粒子のうち，片方の粒子を測定した結果として，もう一方の粒子の状態が確定した状態に射影されます．これが，量子力学の特徴です．

エンタングルメント（もつれ状態）による帰結を次のような例で前もって話しておきましょう．コイン 1 の入った箱がアリスに渡され，コイン 2 の入った箱がボブに渡されている状態に対して，前述の状態 $(|h\rangle_1 |h\rangle_2 + |t\rangle_1 |t\rangle_2)/\sqrt{2}$ が用意されているとします．このとき，図5.1 に示されているように，アリスとボブは離れています．

いま，アリスが箱の中を見て，コインが表（h）であることがわかれば，アリスはボブも表（h）のコインを見つけることがわかります（アリスとボブの役割を変えても話は同じです）．あるいは，アリスが箱の中を見て，コインが裏（t）であることがわかれば，アリスはボブも裏（t）のコインを見つけることがわかります．

この例がコインの積状態の場合と同じに見えるならば，それは，そのように**見えるだけ**であって，本当は大きな違いがあります．その違いは，私たちが用意していた状態は $|h\rangle_1 |h\rangle_2$ と $|t\rangle_1 |t\rangle_2$ の**重ね合わせ状態**であるという事実，要は，2 つのコイン状態は客観的に不確定であるというところです．つまり，コインの状態は，アリスとボブの 2 人による観測によって $|h\rangle_1 |h\rangle_2$ であるか，そうでなければ $|t\rangle_1 |t\rangle_2$ である，というだけの話ではないのです．そうではなくて，そのような状態が用意されている時間の 50%で，ランダムにアリスが自分のコインを表であると観測すれば，ボブのコインも表になっているのです．同様なことが，アリスが裏の場合にもいえます．

ここに重要な点があります．アリスのコインが表であるか裏であるかは，ランダムに見いだされます（時間の 50%は表，そして，時間の 50%は裏）．これ

第 5 章 奇妙な遠隔作用：エンタングルメントと非局所性

は，前に説明した，重ね合わせ原理においても活躍したランダムさと同じです．そのため，アリスとボブが十分遠く離れていれば，ここにはある種の遠隔作用がはたらいているように見えるはずです．つまり，もしアリスがコイン 1 に対して表（h）を得ると，たとえボブがアリスから非常に遠くに離れていても，コイン 2 は即座に自分も表（h）であるべきだと「知る」ように見えるのです．

ここに現れる相関は，古典的な理論や概念では絶対に説明できないものです．なぜなら，アリスが自分のコイン状態を見つけるときのランダムな要素と，（量子コインと見なしている）コインが非常に離れているという事実のためです．もちろん，日頃手にする普通のコインはもつれ状態には決してなりません．しかし，素粒子などはもつれ状態になって，このような奇妙な相関効果（エンタングルメントの本質である効果）を表します．いまから見ていくように，エンタングルメント効果は，これまでに述べてきた現象よりも，もっと奇妙なものなのです．

🐾 5.3 奇妙な遠隔作用： EPR の議論

> 月はいつもあるんだろうか，見ていないときだって．
>
> アインシュタイン（Albert Einstein） ¶51

量子力学の存在論の側面（系の物理的な属性は客観的に不確定であること）と量子力学がコペンハーゲン解釈のような非局所理論†15 であるという事実に対して，アインシュタインは非常に懐疑的でした．量子力学が原子のエネルギーレベルやスペクトル，原子核の構造などを正しく予言できる理論として成功していることに，アインシュタインは何の疑いももっていませんでした．

しかし，アインシュタインは量子力学が不完全であると感じていました．例えば，電子の干渉実験に関連して第 2 章で述べた電子の重ね合わせ状態が何を意味しているのか，量子力学は納得できる物理的描像を与えることができないからです．アインシュタインの考えでは，電子は（小さいけれども）決まった質

¶51 （訳注）ドイツ生まれの理論物理学者（1879–1955）です．
†15 非局所の簡単な定義：離れた物体は光速よりも速く互いに影響を及ぼしあうことはできないという概念です．光速よりも速い通信は特殊相対性理論を破ります．

5.3 奇妙な遠隔作用：EPRの議論

量をもった粒子であり，そして，光源から検出用スクリーンまで進む間のすべての時間で，電子は決まった位置と決まった速度（あるいは運動量）をもっていなければなりません．位置や速度の値を私たちが知らなくても，その値は確かに存在するはずだと，アインシュタインは考えていました．この考えは，コペンハーゲン解釈と鋭く対立します．

コペンハーゲン解釈は，位置や速度の値についてわからないだけでなく，測定が波動関数（あるいは状態ベクトル）を決まった値に収縮させるまでは，位置や速度は客観的な存在ではないことも主張しています．アインシュタインや，それ以外の多くの物理学者たち，例えば，現代量子力学の創設者の1人であるシュレディンガーは波動関数の収縮という考え方に反発していました．アインシュタインは，晩年，しばしば同僚に次のように尋ねることがありました．「月はいつもあるんだろうか，見ていないときだって」

電子の位置や速度，そして，月の位置や速度は，たとえ，それらの値を知らなくても確定した値をもつべきです．このように仮定される確定値は，**実在の要素**として知られています．というのは，アインシュタイン，ポドルスキー (Podolsky)，ローゼン (Rosen) の3人が1935年にフィジカルレヴューに発表したタイトル「物理的実在の量子力学的な記述は完全であると考えられるか」という有名な論文のなかで，この用語を使ったからです．

この論文は **EPR** 論文とよばれることもあります．実在 (reality) という用語のここでの使用は，量子力学で記述される粒子の物理的属性（測定する前から存在する物理的な属性）が客観的に確定されうるか否かを問う問題だけに限定されます．実在の要素が確かに存在するのだという仮定が，この限定された意味における**実在論** (realism) の仮定です．

アインシュタインは実在の欠如に当惑しました．さらに，彼は量子論がもっと奇妙な性質，つまり，**非局所性** (non-locality)，あるいは**奇妙な遠隔作用** (spooky-actions-at-a-distance) というものをもっていることにも気づきました．（ときどき**アインシュタインの局在性**とよばれる）局在性 (locality) は，信号，あるいはもっと一般的にいえば，影響が光速よりも速く伝わらないことを前提にしています．言い換えれば，離れた物体が瞬時に互いに影響を与えることはできないことを前提にしています．もし世界が，あるいは少なくとも量子の世界が

第 5 章　奇妙な遠隔作用：エンタングルメントと非局所性

非局所であれば，影響は光速よりも速く伝わります．あるいは，影響が遠く離れた物体間に瞬時に伝わります．しかし，これは，そのような影響を利用して光速よりも速く信号を送ったり，通信できることを**意味してはいません**．もしこれが実現すれば，因果律を破ることになり，特殊相対性理論と矛盾するからです．つまり，事象（結果）がその原因に先行するような，一様に動く座標系（一定の方向に一定の速さで動いている座標系）を見つけられることになるからです．

このような問題は，アインシュタインにとっては極めて深刻なものでした．何といっても，1905 年に特殊相対性理論を作ったのがアインシュタインその人だったからです．この相対性理論によって，光の速さは普遍的であり，速さの限界であること，そして，何者も光速より速くエネルギーや情報を伝えることはできないことが明らかになりました．

第 4 章ですでに話したように，超光速的な効果自体は許されます（回転しているレーザーから，離れたスクリーン上に，投影されたレーザースポットの速さのように）．しかし，これを通信に使うことはできません．一方，重力と電磁力（1905 年に知られていた自然界の相互作用はこの 2 つだけです）は実際の情報を，どんなに離れた距離であっても，とにかく伝えます．

電磁力が局所的な方法（光速か光速よりも小さな速さ）で伝播できることは，アインシュタインの 1905 年の論文「**運動する物体の電磁気学について**」に示されていました．これが特殊相対性理論を提唱した論文です．しかし，当時の重力理論は，およそ 300 年前にニュートンによって導かれた，簡単な力の法則でした．つまり，距離 d だけ離れた質量 m_1 と質量 m_2 の物体の間には $F = Gm_1m_2/d^2$ の大きさの引力がはたらく，というものです．ここで G は普遍的な重力定数で，力の固有の強さの目安です[¶52]．この重力理論は遠隔作用論です．その意味するところは，例えば，一方の質量の位置がわずかでも変化すれば，瞬時にもう一方の質量にその変化が伝わるということです．このため，離れた場所での事象が遠方まで瞬時に影響を与えるように見えるという意味において，重力の法

[¶52]（訳注）単位質量 ($m_1 = m_2 = 1\,\text{kg}$) の 2 質点が単位の距離 ($d = 1\,\text{m}$) で作用する場合の万有引力の値で，$G = 6.672 \times 10^{-11}\,\text{m}^3/\text{kg} \cdot \text{s}^2$ です．つまり，$F = 6.672 \times 10^{-11}(\text{m}^3/\text{kg} \cdot \text{s}^2) \times (1\,\text{kg}) \times (1\,\text{kg}) \div (1\,\text{m}^2) = 6.672 \times 10^{-11}\,\text{m} \cdot \text{kg/s}^2 = 6.672 \times 10^{-11}\,\text{N}$ です．

則は**非局所**的です．

ニュートンの重力理論は，遅い速度をもった比較的小さい質量（太陽と惑星はこの意味で小さい質量をもっています）に対してよく成り立ちます．そして，太陽系のほとんどの観測とよい一致を示します．しかし，水星に関しては，観測される運動と理論は一致しません．その理由は，水星が太陽に最も近くて，太陽の重力の影響を最も強く受ける惑星だからです．ニュートンの重力法則は，アインシュタインの局所性[†16]を破っているので，ニュートンの法則が破綻するのは明らかでした．

かなり早い時期から，アインシュタインは量子力学の非局所性に問題があると感じていました．そして，1937年のソルベイ会議でこの問題を論じました．電子干渉実験の場合，1個の電子がスクリーンに到達して検出される直前の状況は，この電子の波動関数がスクリーン上に（一様ではありませんが）広がっていることを思い出してください．コペンハーゲン解釈によれば，スクリーン上の1点で電子を検出することは，その点に波動関数を瞬時に収縮させることです．そして，それ以外の点で電子が検出される確率はゼロになることです．これは非局所的な遠隔作用による効果で，波動関数が電子の状態の完全な数学的記述である，という仮定から生じるものです．

一方，もし電子がつねに確定した位置をもっていれば，その検出は単に電子がどこにいたかを明らかにするだけで，そして，その電子がそこ以外の場所にはいないことを明らかにするだけです．しかし，2重スリット装置を通る粒子が確定した位置をもっているという考え方には，第2章で説明した干渉パターンの形成に関する理由から無理があります．

量子論，あるいは実際には量子の世界は，まさに記述した意味において局所的でなく，実在的でもありません．標準的な量子論の問題と思われていた実在性や非局所性を解決する試みとして，量子力学に対する別の理論，**実在的に隠**

[†16] 1915年に，アインシュタインは**一般相対性理論**という新しい重力理論を発表しました．これは，重力の影響は光速で伝わるという局所理論です．この新理論では，重力は曲がった時空の効果として現れます．一般相対性理論は水星の運動を説明し，そして，重力場で光線が曲がることやブラックホールの存在などを予言しました．しかし，ここでは相対性理論を詳しく話すつもりはありません．当面の目的は，物理的実在の本質に関するアインシュタインの局所性の重要性を強調することです．

れた**変数理論**として知られるいくつかの理論があります．これらの理論は，量子力学の代案的な説明ではなく，本質的に異なる理論であることを理解することが重要です．実際には，2 種類の隠れた変数理論があります．1 つは局所理論であり，もう 1 つは非局所理論です．ボーム（David Bohm）が 1952 年に提案したタイプの非局所理論は，実在性の問題を解決したように見えましたが，非局所性を含んでいました．この非局所性こそ，アインシュタインを実在性の問題以上に悩ませた量子力学の性質です[†17]．一方，局所的な隠れた変数理論は，ある場合には量子力学の予言と異なる予言をします．そして，その予言は実験で検証できるのです．

　アインシュタインは，世界は局所的であり，自然界に遠隔作用的な現象はない，と考えていました．そして，粒子の属性は実在すべきである，と考えていました．このような考えに対する具体例は，1935 年にアインシュタインがポドルスキーとローゼンと一緒に書いた論文（フィジカルレヴューに掲載の ERP 論文）の中で示されています．その中で，実在と局所性に関した謎が，初めて系統的に提示されました．EPR は次のような非常に理にかなった**実在の要素**の定義を与えています．それは

> もし，ある系にどのような擾乱も与えなければ，物理量の値を確実に予言できる（つまり，確率が 1 になる）．そして，その物理量に対応する物理的実在の要素が存在する

というものです．この定義と上述の局所性の要請が，量子力学では問題を起こすことを，EPR は精選された例を使って示しました．彼らの例をわかりやすくしたバージョンを，これから説明しようと思いますが，それには光子の偏光状態の説明が必要です．その説明のために，ちょっとだけ寄り道をしましょう．

🐾 5.4　ちょっと寄り道：光子の偏光

　第 2 章で，光は伝搬方向に対して垂直に偏光していることを述べました．光

[†17] アインシュタインは，ボームが「議論を安っぽくした」と言って，ボーム理論を嫌いました．しかし，ボーム理論を支持する人もいます．例えば，コロンビア大学のアルバート（David Z. Albert）のように．

5.4 ちょっと寄り道：光子の偏光

を偏光フィルターに当てれば，フィルターの軸方向に偏光した光だけが通り抜けます．もし，入射ビームが偏光フィルターの軸方向に沿って偏光していれば，ビームは全部通過し，ビームが偏光フィルターの軸方向と垂直ならば，遮断されます．

単一光子の偏光は，偏光フィルターを通るか否かという操作を通して，操作的に定義されます．もし，光が通過すれば，そのときは光の偏光はフィルターの軸方向に沿っていたことになり，遮断されれば，光の偏光はフィルターの軸方向と垂直であることになります．

たとえば，フィルターを通る光が鉛直方向に偏光するように，偏光フィルターの軸を傾ければ，水平方向に偏光した光が遮断されます．もし単一光子が水平方向（horizontal）に偏光していれば，その状態を $|H\rangle$ で表します（H は水平方向の偏極で，表 head の h と混同しないこと）．同様に，光子が鉛直方向（vertical）に偏光していれば，その状態を $|V\rangle$ で表します．一方，H/V 偏光方向に対して，±45°方向に光子を偏光させることもできます．±45°方向に偏光した光子の状態は $|+\rangle$ と $|-\rangle$ で表します[†18]．しかし，このような状態は，他の状態とすべて独立というわけではありません．例えば，図 2.9 を見るとわかるように，$|+\rangle$ 状態は $|H\rangle$ と $|V\rangle$ が等量合わさったもので

$$|+\rangle = \frac{1}{\sqrt{2}}\left(|H\rangle + |V\rangle\right) \tag{5.18}$$

となります．同様に，$|-\rangle$ 状態は

$$|-\rangle = \frac{1}{\sqrt{2}}\left(|H\rangle - |V\rangle\right) \tag{5.19}$$

となります．係数 $1/\sqrt{2}$ は 2 つの状態 $|H\rangle$, $|V\rangle$ がバランスした重ね合わせ状態であることを示す規格化された係数です．$|+\rangle$ と $|-\rangle$ を足すことによって[†19]

$$|H\rangle = \frac{1}{\sqrt{2}}\left(|+\rangle + |-\rangle\right) \tag{5.20}$$

[†18] $|+45°\rangle$ と $|-45°\rangle$ の略記です．
[†19] $|+\rangle$ と $|-\rangle$ の足し算をするとき，実際には $|H\rangle$ と $|V\rangle$ の係数を足し合わせれば式 (5.20) になります．引き算の場合も，同じようにすれば式 (5.21) になります．

となり，一方，$|+\rangle$ から $|-\rangle$ を引くことにより

$$|V\rangle = \frac{1}{\sqrt{2}}\bigl(|+\rangle - |-\rangle\bigr) \tag{5.21}$$

となることに注意しましょう．したがって，$|\pm\rangle$ 状態や $|H\rangle$，$|V\rangle$ 状態などの偏光状態は，他の偏光状態の重ね合わせで記述できます．単一光子の量子的振る舞いが，このような重ね合わせ状態で正確に記述できる理由は，基礎になる理論の量子力学が**線形理論**だからです．

これからの議論には，光子の偏光状態を分析する手段が必要になります．これには**方解石結晶**を使うのが最も簡単です．方解石結晶に入射する光ビームは，その偏光に依存した光路に沿って 2 つのビームに分離されます．これは，方解石結晶のもつ複屈折性の結果ですが，その過程の詳細はここでは不要です．図 5.2(a) のように，偏光していない光のビームが方解石結晶に入射すると，互いに垂直に偏光した 2 つの平行なビームが結晶から出てきます．ただし，方解石結晶は水平方向と垂直方向に偏光した光線を生成するように傾けられていると仮定しています．このような結晶を「H/V 結晶」で表します．一方，図 5.2(b) のように，方解石結晶を 45° だけ回転させれば，偏光していない入射光線は +45° か −45° に傾いて，2 つの偏光ビームとして現れます．このような偏光を生成する結晶を「±45° 結晶」で表します．

図 5.2(c) のように，偏光 +45° の光が H/V 結晶に入射すれば，水平方向と垂直方向に偏光したビームが現れます．ここからは，逆 H/V 結晶も必要になります．これを「$\overline{\text{H/V}}$ 結晶」で表します．これは H 偏光ビームと V 偏光ビームを再結合させて偏光 +45° の光を再現するためのものです．図 5.2(d) に，+45° 偏光した入射光が H/V 結晶で H と V の偏光ビームに分かれたあとで，何が起こるかを示しています．$\overline{\text{H/V}}$ 結晶で H と V は再結合されて，その出力が ±45° 結晶に入ります．そして，この ±45° 結晶から出てくる光は，すべて +45° に沿ったものだけになります．したがって，連続的に結晶を使うことによって，実際に，H 偏光と V 偏光を再結合できることが確認できます．

さて，いまから単一光子レベルでは一体何が起こっているかを考えてみましょう．図 5.2(c) のように，$|+\rangle$ 状態の単一光子を H/V 結晶に入射する実験を 1 回に 1 個の割合で続けて行うものとします．この状態は式 (5.18) で与えられる

5.4 ちょっと寄り道：光子の偏光

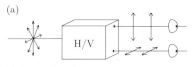

(a) 偏光していない光

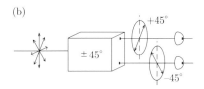

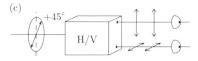

+45°に偏光された古典的な光

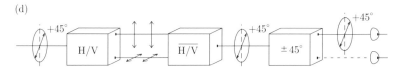

図 5.2 (a) 偏光していない光は，適切に傾けられた方解石結晶（H/V で記されている）に入射したあとに，水平方向と垂直方向に偏光した光線を生成する．このように偏光した光が 2 つに分かれたビームに現れる．(b) 偏光していない光は，適切に傾けられた方解石結晶（±45° で記されている）に入射したあとに，±45° 方向に偏光した光線を生成する．(c) 偏光 +45° の光は H/V 結晶に入り，水平方向と垂直方向に偏光したビームに分離される．(d) +45° 偏光の入射光を H/V 結晶で水平方向と垂直方向に偏光した光は，入射時の偏光の光を再現するように逆方解石結晶 $\overline{\text{H/V}}$ で再結合させる．これは ±45° 結晶を使って確認できる．つまり，+45° 偏光した光だけが ±45° 結晶から現れる．

$|H\rangle$ と $|V\rangle$ の重ね合わせ状態です．実験を多数回繰り返すと，およそ半分が H ビームで現れ，残り半分が V ビームで現れるでしょう．しかし，この結果は重ね合わせ原理により，+45° 入射光子の 50% が実際に H 状態か V 状態であったことを意味しているのではありません．ましてや，この結果は結晶と検出器によって光子がどちらの状態であったかを単に明らかにしたということではあり

第 5 章 奇妙な遠隔作用：エンタングルメントと非局所性

ません．そうではなくて，H 状態と V 状態に関して光子の偏光は客観的に不確定（非決定）であり，1 つ 1 つの光子の量子的な重ね合わせ状態を H 状態か V 状態にランダムに収縮させるものが，結晶の出力チャンネル側に置かれた検出器だということです．

　もし光子の偏光が客観的に確定していたら，逆結晶 $\overline{\text{H/V}}$ を置いた次のような実験で起こる現象を説明するのは困難です．それは，図 5.3 に示したように，1 番目の H/V 結晶の後ろに逆結晶 $\overline{\text{H/V}}$ を置き，その後ろに ±45° 方解石結晶を連続して置くような実験です．まず +45° 状態の光子が，H/V 結晶に実験ごとに 1 回に 1 個だけ入射すると仮定しましょう．はじめに，図 5.3(a) のように水平方向に偏光した出力ビームが遮蔽される場合を考えます．その場合，垂直方向に偏光した光子だけが $\overline{\text{H/V}}$ に入射し，この入射光子が +45° と −45° 光子のどちらかを含むビームになります．このことは，$\overline{\text{H/V}}$ の出力ビーム側に置いた ±45° 結晶を使えば検証できるでしょう．なぜなら，垂直方向に偏光した光

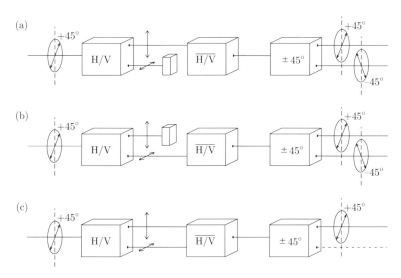

図 5.3　2 個の方解石結晶を使った一連の実験．1 つは逆結晶である．$|+45°\rangle$ 状態の入射光子を使う．(a) 水平方向に偏光したビームが遮蔽される．(b) 垂直方向に偏光したビームが遮蔽される．(c) どちらのビームも遮蔽されない．

子状態は，式 (5.21) で与えられる $|\pm\rangle$ 状態の重ね合わせだからです．

次に，もし図 5.3(b) のように，上側のビームを遮断すれば，水平方向に偏光した光子だけが $\overline{H/V}$ に入射し，そのあとは (a) と同じ結果になります．つまり，$+45°$ 光子か $-45°$ 光子のどちらかになります．

最後に，図 5.3(c) のように，どちらのビームも遮断されない場合には何が起こるかを考えてみましょう．この場合，経路情報の曖昧さが現れます．つまり，入射光子が 2 番目の逆結晶 $\overline{H/V}$ に行くまでにとった経路はどちらであったかを，私たちは単に知らないだけでなく，知ることもできません．そのため，曖昧さが量子的な干渉に導くというルールに従えば，図 5.3(c) は図 5.3(a) と (b) の場合（光子が 2 番目の逆結晶 $\overline{H/V}$ にどの経路をとって行ったかわかっている場合）とは異なる結果が期待されるはずです．そして，実際，異なる結果になります．つまり，ビームが再結合されると，$+45°$ 偏光の光子だけが現れます．そして，もし入射光子が $+45°$ 偏光だけであれば，**毎回の実験で**これだけが起こります．

もし，入射 $+45°$ 光子が，状態 H と状態 V に関して**確定した**偏光**も**もっていて，例えば，状態 H であったとすれば，そのとき，2 番目の逆結晶 $\overline{H/V}$ は $+45°$ 光子だけでなく $-45°$ 光子も生成すべきです．でも，そのようなことは起きません．なぜなら，2 つの結晶の間にある光子の実際の状態は依然 $|+\rangle$ だからです．

しかし仮に，$+45°$ 光子は同時に $|+\rangle$ と $|H\rangle$ の状態であるとして，$+45°$ 光子が状態 H と状態 V に関して客観的に確定した偏光状態をもっているという見方をしてみましょう．そのとき，$|H\rangle$ は $|+\rangle$ と $|-\rangle$ のバランスした重ね合わせ状態（式 (5.20)）だから，$|+\rangle$ 状態で準備された入射光子に対して実験をたくさん繰り返すと，実験総数の約 50% は $+45°$ 偏光になり，あとの約 50% は $-45°$ 偏光になることが期待されます．そうすると，ビームの片方を遮断した図 5.3(a),(b) と，遮断しない図 5.3(c) の間には何も違いはないでしょう．しかし，実際は両方を遮断しない図 5.3(c) の場合には，$+45°$ 偏光だけしか現れません．

これは，少し前の段落で述べた実験と同じ**種類**の実験であることに注意して下さい．しかし，そのときの実験には古典的な光ビームを使っていたので，謎はありません．すべての実験結果は，古典的な観点から理解できます．$+45°$ 偏

光をもったたくさんの光子を含む光線ビームは，H 成分と V 成分に分けられ，それぞれの成分には多数の光子が含まれています．そして，それらが再結合されると，元のビームが作り出されます．これは，至極当然の結果です．

しかし，単一光子レベルでは，再結合された光子は入射時の $+45°$ 偏光をもって現れます．これは，古典的な観点とは折り合いのつかない難しい結果です．何といっても，私たちにはたった 1 個の光子しかないのですから．実は，この結果は，量子干渉を使って次のように説明できます．要は，$|H\rangle$ と $|V\rangle$ のビームが $\overline{H/V}$ で結合すると，干渉によって $|-\rangle$ 状態が消えるということです．つまり，式 (5.20) と (5.21) から

$$|H\rangle + |V\rangle = \frac{1}{\sqrt{2}}\Big(|+\rangle + |-\rangle\Big) + \frac{1}{\sqrt{2}}\Big(|+\rangle - |-\rangle\Big) = \sqrt{2}|+\rangle$$
$$\Rightarrow |+\rangle = \frac{1}{\sqrt{2}}\Big(|H\rangle + |V\rangle\Big) \tag{5.22}$$

となるのです．ここでの最も重要な点は，量子状態の重ね合わせは量子状態の混合と同じものではない，ということです[†20]．混合には量子コヒーレンスがないので，式 (5.22) のような結果を生じる量子的重ね合わせは存在しません．混合は本質的に古典的なものです．

😺 5.5　EPR に戻る：アインシュタイン–ポドルスキー–ローゼン

さて，思考実験の形で EPR によって提唱された難問を，わかりやすい形式に変えて説明しましょう．偏光を通してもつれ合った 2 個の光子（A，B とします）を記述する状態を考えます．光子 A が水平方向（H）と垂直方向（V）に偏光している状態を，それぞれ $|H\rangle_A$ と $|V\rangle_A$ とします．同様に，光子 B に対しても $|H\rangle_B$ と $|V\rangle_B$ とします．2 個の光子のもつれ状態を

$$|\Psi\rangle = \frac{1}{\sqrt{2}}\Big(|H\rangle_A |V\rangle_B + |V\rangle_A |H\rangle_B\Big) \tag{5.23}$$

[†20] 第 2 章で混合を説明したことを思い出してください．混合には確率**振幅**はなく，ただ確率だけがあります．そのため，量子干渉は生じません．

5.5 EPR に戻る：アインシュタイン–ポドルスキー–ローゼン

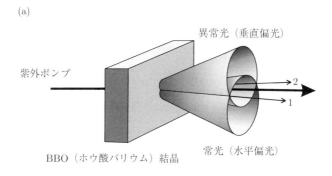

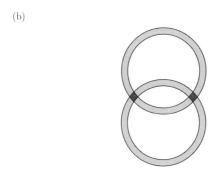

図 5.4　偏光もつれ光子を生成するタイプ II 自発的下方変換の方法．(a) 光子は 2 つの円錐に沿って，非線形結晶から放出される．上側の円錐は垂直方向に偏光した光子である e 光線を含んでいる．下側の円錐は水平方向に偏光した光子である o 光線を含んでいる．(b) 円錐の交差した 2 点では，放出される光子の偏光に関して曖昧さがある．

のように決めます．このような状態は実験室で実現できますが，この方法の詳細はここではまったく興味はありません[21]（図 5.4 を参照）．実験室で，式

---

[21] このような状態は図 5.4 のタイプ II 自発的下方変換というプロセスで作られます．これは第 4 章で説明した，2 つの円錐に沿って光子が放出されるタイプ I 下方変換に似ています．しかし，いまの場合，2 つの円錐は同心でもなく，2 つの円錐に現れる光子の偏光も同じではありません．一方の円錐は o 光線（常光 ordinary ray）を含み，もう一方の円錐は e 光線（異常光 extra-ordinary ray）を含んでいます．それらの光線は互いに直交してします．円錐は交差していることに注意してください．o 光線の光子は水平に偏光し，e 光線の光子は垂直に偏光しています．実験者が結晶の出力側全体をマスクし，2 つの交点のところだけに穴を開ければ，この交点から出てくる光子ペア以外の光子はすべてブロックされます．この光子ペアに関しては，次のような曖昧さが生じます．光子は o 光線から来たのか，e 光線から来たのか？　この曖昧

第 5 章 奇妙な遠隔作用：エンタングルメントと非局所性

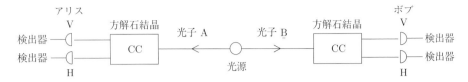

図 5.5 光源から発した 2 個の偏光もつれ光子が，離れている観測者アリスとボブに向かう．アリスは光子 A を，ボブは光子 B を得る．2 人はそれぞれの光子に対して偏光実験を行う．CC は方解石結晶（calcite crystal）を表す．

(5.23) の状態が作れることを仮定して話を進めます．

図 5.5 のように，光子 A と光子 B が光源から逆方向に放出されて（これには鏡が必要です），観測者アリスとボブに向かうように実験装置を配置します．方解石結晶と検出器はそれぞれに装備されています．アリスとボブは空間的に遠く離れており，2 人の行う測定に影響を与えるものは何もないと仮定します．

アリスは，H/V 装置で光子 A の偏光を測るものとします．アリスが H か V を得る確率は 50:50 です．例えば，アリスは H を得たとしましょう．そうすると，状態 $|\Psi\rangle$ にもつれた相関があるため，$|\Psi\rangle$ は**即座に** $|V\rangle_B$ に収縮します．つまり，

$$|\Psi\rangle \xrightarrow{\text{アリスは光子 A が H であることを見つける}} |V\rangle_B$$

となります．

アリスが光子 A を H 偏光であると検出した結果として，離れた光子 B の状態が一瞬に収縮することは，アインシュタインを深く悩ませた局所性の問題を呼び起こします．EPR の極めて重要な点は，実施された観測は光子 A だけであり，光子 B とは何ら相互作用をしていないということです．そのため，光子 B ははっきりと確定した偏光 V をもたねばなりません．これは，もしボブが **H/V** 測定したとすれば（しかし，実際にはしませんが）確認できるはずの予言

さ，つまり情報の消失が量子的な重ね合わせの特徴なので，この場合，式 (5.23) の $|\Psi\rangle$ を得るには積状態 $|H\rangle_1|H\rangle_2$ と積状態 $|V\rangle_1|H\rangle_2$ を重ね合わさねばなりません．添字の 1 と 2 は，円錐の交点から現れるビームを区別します．((訳注) 生成される 2 個の光子は異なる偏光をもっているので，エンタングルした状態になります．これが，2 個の光子が同じ偏光をもって発生するタイプ I と異なるところです．つまり，タイプ I では 2 個の光子は偏光を使って区別できないから，それらはエンタングル状態にはなりません．)

5.5 EPRに戻る：アインシュタイン–ポドルスキー–ローゼン

です．したがって，光子Bの予言された偏光VはEPRの意味で「実在の要素」です．代わりに，もしボブが±45°測定を実行したとすれば，50:50で+45°か-45°を得るでしょう．しかし，彼はこの測定もやらないと仮定します．

一方，アリスが光子Aに対して±45°測定をしたとしましょう．何が起こるかを明瞭に見るために，まずはじめに式(5.20)と式(5.21)を使ってアリスの光子状態を±45°偏光状態で表します．簡単な代入によって，$|\Psi\rangle$は

$$\begin{aligned}|\Psi\rangle &= \frac{1}{\sqrt{2}}\left[\frac{1}{\sqrt{2}}\left(|+\rangle_A + |-\rangle_A\right)|V\rangle_B + \frac{1}{\sqrt{2}}\left(|+\rangle_A - |-\rangle_A\right)|H\rangle_B\right]\\ &= \frac{1}{2}\left[|+\rangle_A\left(|V\rangle_B + |H\rangle_B\right) + |-\rangle_A\left(|V\rangle_B - |H\rangle_B\right)\right]\end{aligned} \quad (5.24)$$

と書けることがわかります．もし，アリスが光子Aを，例えば，+45°状態に見いだすならば，私たちは即座に

$$|\Psi\rangle \xrightarrow{\text{アリスは光子Aが+であることを知る}} \frac{1}{\sqrt{2}}\left(|V\rangle_B + |H\rangle_B\right) = |+\rangle_B \quad (5.25)$$

という収縮をもつことになります．これから，ボブの光子が$|+\rangle_B$状態でなければならないことがわかります．したがって，光子Bに対する予言された+45°偏光も実在の要素になります．

ここに，問題が発生します．予言された実在の要素は，確定値でなければなりません．つまり，誰かが検証のために実験を行うか否かにかかわらず，存在すべきです．しかし，量子力学によれば，光子Aに対する測定の種類とその測定結果は，光子Bの状態を決めます．もしアリスがHを得れば，光子Bは状態$|V\rangle_B$になります．また，アリスが+45°であれば，光子Bは$|+\rangle_B$です．光子Bに関するこのような予言は，次のような意味において実在の要素をなしています．まず1番目の例では，もしボブがH/V偏光測定を自分の光子にすれば，彼は確実にVを得るという意味，2番目の例では，彼が±45°測定をすれば，彼は確実に+45°を得るという意味です．

しかし，このような状態（$|+\rangle_B, |V\rangle_B$）は，重ね合わせの原理を通して互いに独立ではありません．なぜなら

$$|+\rangle_B = \frac{1}{\sqrt{2}}\left(|H\rangle_B + |V\rangle_B\right) \quad (5.26)$$

は

$$|V\rangle_B = \frac{1}{\sqrt{2}}\left(|+\rangle_B - |-\rangle_B\right) \tag{5.27}$$

のように表せるからです．式 (5.26) は光子 B の H/V 偏光が不確定であることを，一方，式 (5.27) はその ±45° 偏光が不確定であることを意味します．したがって，光子 B の V 偏光も +45° 偏光も，実在の要素ではありえません．

このように矛盾した結果は，光子 A に対する測定が光子 B の状態に瞬時に影響を及ぼすことから生じた謎です．EPR によって浮き彫りにされたこの謎は，しばしば **EPR パラドックス**とよばれます．この「パラドックス」によって，EPR たちは量子力学が不完全な理論であると結論づけました．

当然ながら，EPR 論文は原子物理学会内に一石を投じました（「青天の霹靂のように現れた」とボーアの同僚は述べています）．ボーアは早々に他の仕事（当時は原子物理学がほとんど）を中断して，EPR 問題に取り組みました．何といっても，この問題はコペンハーゲン解釈への直接攻撃でしたから．このとき，興味あることは，ボーアに近い同僚であったローゼンフェルト（Rosenfeld）が「私たちは直ちにそのような誤解を解決しなければならない」と言ったことでした．探求すべき重要な問題を EPR が提起している可能性をまったく考慮せず，「誤解」をしているのは EPR だったと決めつけたローゼンフェルトの機械的な態度に注意してください（量子力学のすべての解釈において，コペンハーゲン解釈が絶対的に正しいとしていた態度に関しては第 8 章で述べます）．

ボーアの回答は，EPR と同じタイトル名で 1935 年のフィジカルレヴューに掲載されました．上で与えた EPR パラドックスの光子偏光状態のバージョンを使って，ボーアは光子 A の測定が光子 B に何の擾乱も起こさないことを認めたうえで，次のように続けました．「しかし，この段階においてさえ，本質的に**その系の将来の振る舞いに関する予言のタイプを定義する，まさにその条件への影響**の問題がある（ボーア自身による強調）」と．別の表現によるボーアの回答は次のようなものです．

> 私たちは，実験の状況を全体として考えるべきで，分離された部分について質問してはならない．すなわち，個々の粒子になされる測定の種類と無関係に，個々の粒子の性質について質問すべきではない．

5.5 EPRに戻る：アインシュタイン–ポドルスキー–ローゼン

言い換えれば，量子力学的な系の一部分だけを測定することはできない．そして，他の部分の状態を，たとえ，それに擾乱（測定）を与えなかったとしても，乱さずに離しておくことはできない．系の一部分の状態が，まるでテレパシーのように，明らかな因果的（局所的）なメカニズムもなしに，他の（離れた）部分を測定した結果として自動的に決まるということは，まさに**奇妙な遠隔作用**（spooky action at a distance）でした．そのため，EPRは量子力学が不完全な理論であると結論づけました．

物理学界では，ボーアがEPRの議論に勝ったと広く受け止められました．そして，おそらく，いまもそうであるかもしれません．しかし，ボーアの回答を詳細に見れば，それはEPRが調べた難問を単に言い換えただけに過ぎないことがはっきりします．これは，グリフ大学のワイズマン（Wiseman）が最近の論文（コンテンポラリーフィジクス）で指摘したことです．ボーアの回答は，まさにEPRパラドックスの繰り返しです．ボーアの回答のほとんどは，EPRの思考実験自体の謎に答えてはいません．むしろ，ボーアの根本的な興味は，相補性原理を通して，量子力学が**矛盾の**ない理論であることを示すことだけでした．しかし，EPRはそのようなことを言っていたわけではありません．EPRの争点は，量子力学の完全性に関することでした．

注意深い読者のかたは気づかれたでしょうが，アインシュタインに対するボーアの回答には，これまでに私たちが見てきた一連の論法が含まれています．事実，すべての量子ミステリーの説明には，何らかの方法でこの論法が引き合いに出されます．結局，これがコペンハーゲン解釈の本質なのです．そして，その説明は**論理実証主義**[53]（logical positivism）として知られる思想の哲学学派にかなりよく適合しています．そこでは，測定可能な量だけが真の実在をもつものとして語ることができる，と考えます．ヴィトゲンシュタイン（Wittgenstein）の「いやしくも，言いうることは明瞭に言い表すことができる．そして，何も話すことができないなら，沈黙すべきである」という言葉も思い出してくださ

---

[53] （訳注）「実験で実証できないものは意味がない」という考え方で，**経験主義**ともよばれます．20世紀前半の科学哲学，言語哲学において重要な役割を果たした思想です．

い[54]．実際，ボーアは次のように言っています（彼の助手の一人，ペータソン（Peterson）への手紙）

> 量子的な世界などはありません．抽象的な物理的記述があるだけです．物理の仕事が，自然のからくりを見つけることだ，と考えるのは間違っています．物理学は，私たちが自然について何が言えるかだけに関係があります．

EPR 論文に対するボーアの回答は，決してアインシュタインを納得させませんでした．彼は終生，量子力学が非局所理論であること，そして，すべての物理量に対して確定値（実在の要素）を与える能力が欠落しているという事実の両面から，量子力学は不完全であると主張しました．

アインシュタインの意味で理論を完成させるためには，いわゆる**局所的な隠れた変数**でスタンダードな量子力学を修正する必要がおそらくあるでしょう．しかし，ほとんどの物理学者にとって，何もかもが本質的に哲学の問題に見えました．長い間（事実，1935 年から 1960 年代半ばまで），実験によってどっちみち決着できないものだと考えられていたからです．局所的な隠れた変数理論が，スタンダードな量子力学と異なる結果を予言できるとは誰も考えませんでした．しかし，EPR 論文の出版から 30 年後に，ベル（John Bell）の仕事によって状況は劇的に変わりました．この仕事は次節で話します．

この節を閉じるにあたり，シュレディンガーも 1935 年に EPR に対する回答として論文を書いたことを簡単に述べておきましょう．その中で，シュレディンガーは EPR の思考実験において系の本質的な性質が，そして一般に量子力学の本質的な性質が，**エンタングルメント**（entanglement）であることを指摘しました[55]．このとき，物理学において，2 粒子の量子状態の非分離性に言及する文脈のなかで，エンタングルメントという用語が初めて使われました．第 7 章で，シュレディンガーの 1935 年の論文に戻りましょう．

---

[54] （訳注）「論理哲学論考」に含まれる「語り得ぬものについては沈黙しなければならない」という命題は，ヴィトゲンシュタインの有名な言葉の 1 つです．

[55] （訳注）シュレディンガーは，エンタングルメントが量子力学の本質的な性質であり，古典力学的な発想からの決別を余儀なくさせるものであると考えていました．量子論の多くの奇妙な現象はこのエンタングルメントから生じます．

🐾 5.6 ベルの定理

　ベルは，CERN¶56 で大半の時期を過ごしたアイルランド出身の物理学者ですが，1960 年代のはじめ頃の仕事では，EPR に対するボーアの回答をほとんど考えていませんでした．実は，ベルはこの問題に関するアインシュタインのいろいろな論文を，アインシュタインが書いた他のすべての論文と同じように，非常に明瞭であると考えていました．しかし，ボーアの論文に対しては，ベルは非常に曖昧であると考えていました．

　量子論の相補性や他の哲学的側面に関するボーアの論文を読んだ多くの人たちは，明瞭さよりも不明瞭さに気づきました．それにもかかわらず，ボーアと彼の仲間たちは，EPR の問題がボーアの回答で解決したと考え，これ以上は言及すべきことなどないと素朴に思い込んでいました．そのうえ，1935 年には EPR 問題に対する実験的な帰結は何もありませんでした．そして，すでに述べたように，物理学者たちはコペンハーゲン解釈と局所実在論の議論はまったく哲学的なものだと考えていました．

　しかし，1964 年にベルは哲学が実験の検証を受けられることを示し，そして，ボーアが量子力学の意味に関するありとあらゆる問題を解いていなかったことを示しました．あるいは，少なくともそれらを**明瞭**には解いていなかったことを示しました．

　ベルは，すべての物理量は隠れた変数で決定されるような確定値（つまり，実在の要素）をもっている，と仮定しました．そうすれば，局所的な隠れた変数理論がスタンダードな量子力学と異なる予言をすることを，1960 年代半ばに証明しました．そして，ベルはこの 2 種類の理論を実験によって区別する方法を定式化しました．実験データから統計的に求まる相関を組み合わせて作った量に対して，この量のとりうる値を局所的な隠れた変数理論が予言できることを示しました．とりうる値は数学的に制限されるため，ある特定の数値を超えることができません．この数学的な関係が**ベルの不等式**¶57 とよばれるものです．

¶56 （訳注）サーンともいいます．欧州原子核研究機構の略称で，スイスのジュネーヴ郊外にある，世界最大規模の素粒子物理学の研究所です．
¶57 （訳注）エンタングルした粒子ペアの量子スピンの相関に関する数学的不等式で，局所的な隠れた変数理論はすべてこの不等式を満たさなければなりません．

第 5 章　奇妙な遠隔作用：エンタングルメントと非局所性

ベルの不等式を満たすものが，局所的な隠れた変数理論です．しかし，量子力学の予言は，ベルの不等式を満たさず，この不等式を**破ります**．

1960年代後半から，2つの理論を区別するためにデザインされた一連の実験が始まりました．実験は光学的な装置で，偏光した光子ペアを含んでいました．そして，今日まで，さまざまな工夫を凝らしながら実験は続けられています．はじめの頃，ほとんどの物理学者たちは，局所的な隠れた変数理論が支持されるだろうと考えていました．その中には，例えば，当時ローレンス・リバモア研究所で，実験検証に向けた最初の試みの先駆けをしたクラウザー（Clauser）もいました．しかし，彼らは間違っていました．

ベルの不等式は破れていることがわかり，局所的な隠れた変数理論は誤りであることが証明されました．このような初期の実験には，もつれ光子の光源に原子遷移を使っていました．ベルの不等式の破れの最も目覚ましい実証は，1982年のアスペ，グレンジャー，ロージャーたち（このトリオは単一光子干渉実験に関連して第3章ですでに登場）によるもので，彼らの実験は局所的な隠れた変数理論を否定する最も説得力のある証拠を当時与えました．

1980年代後半に始まったベルの不等式実験では，もつれた光の光源としてタイプII自発的下方変換（図5.4の説明と注釈を参照）を使いました．2005年にイリノイ大学でアルテピーター（Altepeter），ジェフリー（Jeffrey），クワイアットが行った実験で，不等式は1200標準偏差以上に破れていました．標準偏差は，データの広がりの統計的な測度です．この実験では，広がりが非常に狭かったため，ベル不等式の最大の破れとなっています．この結果は，著者たちの知る限り，いままで報告された中では最大です．

このような結果にもかかわらず，現在まで実施されたベル不等式を破る実験はどれも完全ではなく，抜け穴をもっています．それは，実験結果の説明を非局所的な隠れた変数理論でも可能にする抜け穴です．光ビームを含むベル不等式実験に対しては，ただ1つの抜け穴があります．その**抜け穴**は光子検出器の効率です．この装置の効率が極めて悪いために，実験の結果を局所実在論的な理論でも説明できる可能性があるのです¶58．

¶58　（訳注）エンタングルした光子ペアが検出される確率は非常に低い（100万分の1）ので，たとえ両方の光子の偏光が平行であっても検出されない場合がほとんどです．そして，光子が装

ほぼ100%の効率をもつ別の種類の検出スキームを使って，検出の抜け穴を避ける試みも進行しています．これには，かなり異なったセットアップが必要で，クワイアットグループの実験で使われたものよりもかなり異なる種類の量子状態が要求されます．このような試みに関する話はこの辺でやめますが，この本の執筆時点で，抜け穴フリーのベル不等式実験が実施されているのかわかりません．

これ以上，ベルの不等式や上述の実験を述べるつもりはありません．ベルの不等式は統計的な量を扱うので，十分なデータを蓄えるために多数回の実験が要求されます．そのうえ，ベルの不等式の破れや，この破れが局所的な隠れた変数理論をどのように反証するかといった問題はかなり微妙です．

幸いなことに，不等式を使わずに局所的な隠れた変数理論を反証する方法が提唱されました．事実，これを達成する2つの方法が提案され，実験的に実証されました．1989年に，グリーンバーガー（Greenberger），ホーン，ツァイリンガーたちが3個以上の粒子のもつれ状態（**GHZ状態**として知られています）を使う方法を提唱しました．これらの議論に触発されて，ハーディ（Hardy）は2粒子だけを含む議論を提唱しました．明らかに，2粒子のほうが3粒子よりも簡単なので，ハーディの方法，そしてその後すぐにヨルダン（Jordan）によって改良された方法を話すことにしましょう．

5.7 不等式のないベルの定理：ハーディ–ヨルダンの方法

ここでの議論は，1993年にハーディが提案し，1994年にヨルダンが改良したものです．彼らが使ったのは，偏光もつれ状態の2光子です．ベルの不等式に関連して述べてきたタイプの状態，つまり，偏光もつれ状態に似ていますが，ある重要な点で異なっています．

置の一方だけで検出されるときでも，もう一方の光子の偏光が平行なのに検出されなかったのか，偏光が垂直だから検出されなかったのかを判別できません．もちろん，光子ペアの偏光が垂直だったら検出されません．このため，光子ペアの偏光がどうであっても，ほとんどの場合，検出器に到達できないことになります．したがって，ベルの不等式が実験で破れていても，それは局所性が保証されるように実験がセットアップされていなかったためである可能性もあり，局所実在性が否定されたとは主張できないことになります．

第5章　奇妙な遠隔作用：エンタングルメントと非局所性

　状態自身を導入する前に，2人の実験の助手，アリスとボブに登場願いましょう．前と同じように，彼らは十分に離れており，もつれ光子ペアの片割れをおのおのがもっているとします．以前と同じように，アリスの光子はA，ボブの光子はBとします．アリスとボブは自分たちの光子で2種類の偏光検出実験を行うことができます．その実験は，H/V偏光測定と+45°偏光測定です．さて，次のような組み合わせの測定と測定結果を考えましょう．

1. アリスがH/V測定をしてVであるとき，ボブは±45°測定すれば+45°を得る．
2. ボブがH/V測定をしてVであるとき，アリスは±45°測定すれば+45°を得る．
3. アリスとボブが両方ともH/V測定をすれば，彼らはときどき共にVを得る．
4. アリスとボブが両方とも±45°測定をすれば，彼らは共に+45°を得ることは**決してない**．

　さて，いまから，4つの測定結果すべてが局所実在論では成立するわけではないことを示しましょう．測定結果(1)では，Vを得たアリスのH/V偏光測定は，ボブがもし±45°測定すれば+45°を得ることを予言しています．これは，ボブが本当に測定を行わなくても，ボブの光子の偏光（+45°）がEPRの意味で，実在の要素であることを意味します．局所性の条件は，この実在の要素がアリスが行う測定の種類に無関係であることを要求します．また，ボブの光子はボブの光子が生成された瞬間から+45°偏光という性質をもっていなければならなかったことをも意味します．同じ推論により，測定結果(2)はアリスの光子も実在の要素として+45°偏光という性質をもち，そして，その生成した瞬間からその性質をもっていなければならなかったことを示します．したがって，**両方の光子**は，実在の要素として，+45°偏光をもっていることになります．

　測定結果(3)は，アリスとボブが両方ともH/V測定すれば，彼らの光子がときどき共にVになるということでした．これが示唆することは，もし彼らが±45°測定をすれば，測定結果(1)と(2)から，彼らはときどき+45°を得ることになります．しかし，これは測定結果(4)，彼らは同時に+45°偏光した光子

を観測することは**決してできない**という結果と矛盾します．明確に言えば，この矛盾が生じた理由は，2 個の光子の +45° 偏光が測定結果 (1) と (2) により実在の要素として確定されたためです．つまり，局所実在論はアリスとボブが ±45° 測定をすれば，彼らの光子がときどき +45° 偏光をもっているのを見いだすべきことを示唆しています．このように，局所実在論が成り立つ世界では，測定結果 (1)〜(4) は矛盾を起こします．

一方，次に示すように，もしアリスとボブがもつれ状態の光子をもっていれば，量子力学はこのような測定結果を説明できることがわかります．

測定結果 (1)〜(4) を満足させる 2 光子もつれ状態は

$$|\Psi\rangle = N \left(|H\rangle_A |H\rangle_B - \frac{1}{2} |+\rangle_A |+\rangle_B \right) \tag{5.28}$$

です．係数 N は規格化係数ですが，その値はこれからの議論には必要ありません．この式 (5.28) は，2 種類の測定（H/V 偏光測定と ±45° 偏光測定）によって定義された積状態を重ね合わせた状態であることに注意しましょう．しかし，式 (5.28) の状態は，式 (5.18)〜(5.21) の関係を使って，測定スキームに関連した状態で書き変えることができます．そこで，どのようにしてこの状態が測定結果 (1)〜(4) を満足させうるかを，これから示していきましょう．

(1) ここでは，アリスは H/V 測定を，ボブは ±45° 測定を行います．これは，状態 $|\Psi\rangle$ のうち，アリスの光子を含む状態の部分は $|H\rangle_A$ と $|V\rangle_A$ で表し，ボブの光子を含む状態の部分は $|+\rangle_B$ と $|-\rangle_B$ で表さねばならないことを意味します．そこで，式 (5.18) と式 (5.21) を使って，式 (5.28) の状態を

$$|\Psi\rangle = \frac{N}{\sqrt{2}} \left[|H\rangle_A \left(|+\rangle_B + |-\rangle_B \right) - \frac{1}{2} \left(|H\rangle_A + |V\rangle_A \right) |+\rangle_B \right] \tag{5.29}$$

のように書き換えましょう．これは

$$|\Psi\rangle = \frac{N}{\sqrt{2}} \left(\frac{1}{2} |H\rangle_A |+\rangle_B + |H\rangle_A |-\rangle_B - \frac{1}{2} |V\rangle_A |+\rangle_B \right) \tag{5.30}$$

となります．

2 光子系の積状態は，測定結果の相関を表すことに注意しましょう．ここで，具体的に，もしアリスが H/V 測定をして V を得たとすれば，相関 (5.30) の最

第 5 章　奇妙な遠隔作用：エンタングルメントと非局所性

後の項 $|V\rangle_A |+\rangle_B$ のために，ボブも ±45° 測定をすれば，+45° を実際に得ることになります（もしアリスが H を得れば，ボブは +45° か −45° のどちらかを得ますが，−45° を得る確率が高いことに注意しましょう[59]。

(2) アリスとボブは彼らの測定のタイプを交替して，アリスは ±45° 測定をし，ボブは H/V 測定をするとしましょう．これは (1) とは逆のプロセスなので，式 (5.28) の $|H\rangle_A$ と $|+\rangle_B$ を式 (5.18) と式 (5.20) で置き換えます．そうすると，

$$|\Psi\rangle = \frac{N}{\sqrt{2}} \left(\frac{1}{2} |+\rangle_A |H\rangle_B + |-\rangle_A |H\rangle_B - \frac{1}{2} |+\rangle_A |V\rangle_B \right) \quad (5.31)$$

となります．最後の項 $|+\rangle_A |V\rangle_B$ のために，ボブが自分の光子に H/V 測定して V を得るとき，アリスも ±45° 測定すれば +45° を得ることになります．

(3) ボブとアリスがともに H/V 測定をする場合なので，式 (5.28) の $|+\rangle_A |+\rangle_B$ の項を H と V の状態で表さなければなりません．そこで，式 (5.18) を 2 回使って

$$|\Psi\rangle = N \left(|H\rangle_A |H\rangle_B - \frac{1}{4}(|H\rangle_A + |V\rangle_A)(|H\rangle_B + |V\rangle_B) \right) \quad (5.32)$$

とします．あるいは，これを書き変えて

$$|\Psi\rangle = N \left(\frac{3}{4} |H\rangle_A |H\rangle_B - \frac{1}{4} |V\rangle_A |H\rangle_B - \frac{1}{4} |H\rangle_A |V\rangle_B - \frac{1}{4} |V\rangle_A |V\rangle_B \right) \quad (5.33)$$

とします．式 (5.33) の最後の項 $|V\rangle_A |V\rangle_B$ から，アリスとボブはときどき共に V を得ることがわかります（これ以外に，彼らは H-H, H-V, V-H の結果も得ます）．

(4) アリスとボブはともに ±45° 測定するので，式 (5.28) の $|H\rangle_A |V\rangle_B$ を ±45° 状態を使って

$$|\Psi\rangle = N \left[\frac{1}{2} \bigl(|+\rangle_A + |-\rangle_A \bigr) \bigl(|+\rangle_B + |-\rangle_B \bigr) - \frac{1}{2} |+\rangle_A |+\rangle_B \right] \quad (5.34)$$

のように表さなければなりません．そして，すべてを掛け合わせれば，$|+\rangle_A |+\rangle_B$

---

[59]（訳注）第 1 項と第 2 項の振幅比は 1/2 : 1 なので，2 項目の −45° を得る確率は 1 項目の +45° を得る確率より 4 倍大きくなります．

5.7 不等式のないベルの定理：ハーディ–ヨルダンの方法

項はすべて消えてしまうことがわかります．つまり，±45°で表した状態は

$$|\Psi\rangle = \frac{N}{2}\left(|+\rangle_A|-\rangle_B + |-\rangle_A|+\rangle_B + |-\rangle_A|-\rangle_B\right) \quad (5.35)$$

となります．$|+\rangle_A|+\rangle_B$ 項が打ち消しあうので，式 (5.35) に $|+\rangle_A|+\rangle_B$ は現れません．そのため，アリスとボブがともに ±45° 測定しても $|+\rangle_A|+\rangle_B$ 状態の検出は不可能です．この $|+\rangle_A|+\rangle_B$ 状態が検出されないことは測定結果 (4) を満たします．一方，局所実在論は測定結果 (4) を満たすことはできません．

この $|+\rangle_A|+\rangle_B$ が消えたのは，量子的重ね合わせ状態と干渉がうまく作用したからです．したがって，式 (5.28) の状態を使って，(1)〜(4) の測定を行い，$|+\rangle_A|+\rangle_B$ 状態が検出されなければ，局所実在論を反証できます．ハーディとヨルダンが示したように，式 (5.28) の状態は局所実在論の破れを示すために使える 2 光子の特別な状態の 1 つなのです．

量子力学の非局所性と非実在的性質を実証するために提唱されたハーディ–ヨ

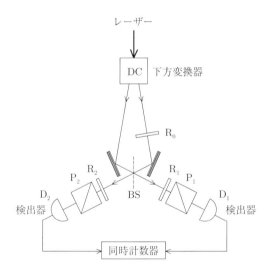

図 5.6 マンデルのグループの実験装置．同じ偏光をもった光子ペアが下方変換プロセスで作られる．R_0, R_1 と R_2 はそれぞれのビーム内の光子の偏光を回転させる．R_0 はビーム内の光子の偏光をもう一方のビーム内のパートナー光子の偏光と直交するように 90° だけまわす．考慮する実験結果は，両方の検出器が反応する場合だけである．

ルダンの方法を検証するために，いくつかの実験が実際になされています．最初の実験は 1995 年にマンデルのグループがロチェスター大学で行ったもので，実験装置は図 5.6 に示されています．実験に使う光源は，同じ偏光をもった光子ペアを生成する下方変換器（DC）で，偏光もつれ状態の 2 光子を含む実験でよく使われる装置です．

　1 つのビームの光子偏光はもう 1 つのビームの光子偏光と直交するように（回転装置 R_0 で）回転させられます．それから，光子はビームスプリッター BS に送られ，そこで状態が混ざり，反対方向に光子は飛び出します．ビームスプリッターに入る光子は同一ではないため（つまり，異なる偏光なので），ホーン–オウ–マンデルの結果は適用されません．そのため，4 つの状態が可能になります．そのうちの 2 つは，2 個の光子がともに反射されか，通過するかの 2 つの状態です．残りの 2 つは，1 個の光子は反射，もう 1 個の光子は透過する状態と，その 2 個の光子を入れ替えた状態なので，この 2 つは同一状態を表しています．

　実験ははじめの 2 つの状態だけを考えます．この場合，2 台の検出器が 1 カウントを記録します．それぞれのビームで引き続き偏光回転装置を使い，そして，ビームスプリッターが 50 : 50 ビームスプリッターではない（反射と透過の確率がビームの方向によって異なるという意味）という事実を使えば，測定する前に，状態を操作してハーディ–ヨルダン状態の 1 つにできます．実験の結果は，大体のところ量子力学を支持しています．しかし，どれも効率 100 ％の光子検出器ではないので，局所的な隠れた変数理論や局所実在論を検証する実験は完全ではないことを強調しておきます．それでも，ハーディ–ヨルダン状態に関する実験は，局所実在論の予言を標準偏差の 45 倍も破っています．そのため，実験はおおむね量子力学を支持しています．

5.8　何を捨てるか：局所性か実在論か？　それとも両方か？

　人は尋ねるでしょう．ハーディ–ヨルダン実験のような実験で，古典的な推論と量子力学がなぜこのように対立するのか，そこにある基本的な「問題」は何なのだろうかと．それは，アインシュタインの局所性なのか，実在性（この文脈

5.8 何を捨てるか：局所性か実在論か？ それとも両方か？

の中で使われている言葉として）の仮定なのか，あるいは両方の組み合わせか．

2003年に，レゲット（Leggett）は（この人物に関しては第7章でもっと話しますが）**非局所**実在論的な理論の検証法を提唱しました．この理論は非局所的です（つまり，アインシュタインの局所性を破ります）が，EPRの意味で「実在の要素」の存在が仮定されているので，量子力学に代わる理論です．レゲットはベルの不等式に似た数学的な不等式を作りました．それは，実験で測定される量を使ったもので，もし不等式が実験的に破れていれば，スタンダードな量子力学に対して，非局所的な実在論を反証できます．2007年に，2つのグループが実験を行いました．1つはジシン（Gisin）とスカラニ（Scarani）が主導した実験で，もう1つはツァイリンガーが主導したものです．実験結果は，レゲットの不等式の破れを示したので，非局所実在論的なモデルは反証されました．

このような実験結果は，量子的な実験を説明するためにアインシュタインの局所性の概念を放棄するだけでは十分ではないことを示唆しています．それどころか，実在論も手放さねばならないかもしれません．つまり，EPRにとってはその存在が直観的に明らかであると考えられていた「実在の要素」を，否定することになるかもしれません．

第 5 章　奇妙な遠隔作用：エンタングルメントと非局所性

参考文献と参考図書

Albert D. Z., *Quantum Mechanics and Experience*, Harvard University Press, 1992.

Altepeter L. B., Branning E. R., and Kwiat P. G., " Phase-compensated ultrabright source of entangled photons", *Optics Express* 13 (2005), 8951.

Aspect A., "Bell's theorem: the naïve view of an experimentalist", in *Quantum [Un]speakables—From Bell to Quantum Information*, ed. A. Berntlemann and A. Zeilinger, Springer, 2002.

Aspect A., Grangier P., and Roger G., "Experimental realization of Einstein-Podolsky-Rosen-Bohm Gedankenexperiment: A new violation of Bell's inequalities", *Physical Review Letters* 49 (1982), 91.

Bell J. S., "On the Einstein-Podolsky-Rosen-Paradox", *Physics* 1 (1964), 195.

Bell J. S., *Speakable and Unspeakable in Quantum Mechanics*, Cambridge University Press, 1987.

Bohr N., "Can quantum-mechanical description of physical reality be considered complete ?", *Physical Review* 48 (1935), 696.

Clauser J. E., and Shimony A., "Bell's theorem: experimental tests and implications", *Reports on Progress in Physics* 41 (1978), 1881.

Einstein A., Podolsky B., and Rosen N., "Can quantum-mechanical description of physical reality be considered complete ?", *Physical Review* 47 (1935), 777.

Freire O., Jr., "Philosophy enters the optics laboratory: Bell's theorem and its first experimental tests (1965–1982)", *Studies in the History and Philosophy of Modern Physics* 37 (2006), 577.

Genovese M., "Research on hidden variable theories: A review of recent progress", *Physics Reports* 413 (2005), 319.

Greenberger D. M., Horne M. A., and Zeilinger A., in *Bell's Theorem, Quantum Theory, and Conceptions of the Universe*, ed. M. Kafatos,

Kluwer Academic, 1989.

Greenberger D. M., Horne M. A., Shimony A., and Zeilinger A., "Bell's theorem without inequalities", *American Journal of Physics* 58 (1990), 1131.

Hardy L., "Non-locality for two particles without inequalities for almost all entangled states", *Physical Review Letters* 71 (1993), 1665.

Jordan T. F., "Testing Einstein-Podolsky-Rosen assumptions without inequalities with two photons or particles with spin $\frac{1}{2}$", *Physical Review A* 50 (1994), 62.

Mermin N. D., "What's wrong with these elements of reality ?", *Physics Today* 43, 6 (1990), 9.

Pan J.-W., Bouwmeester D., Ganiell M., Weindofter H., and Zeilinger A., "Experimental test of quantum mechanical non-locality in three-photon Greenberger-Horne-Zeilinger entanglement", *Nature* 403 (2000), 515.

Torgerson J., Branning D., and Mandel L., "A method for demonstrating violation of local realism with two-photon down-converter without use of Bell inequalities", *Applied Physics B* 60 (1995), 267.

Torgerson J., Branning D., Monken C. H., and Mandel L., "Experimental demonstration of the violation of local realism without Bell inequalities", *Physics Letters A* 204 (1995), 323.

Wiseman H. M., "From Einstein's theorem to Bell's theorem: a history of quantum non-locality", *Contemporary Physics* 47 (2006), 79.

chapter
6

量子情報と量子暗号と量子テレポーテーション

十分に発展した技術はどれも，魔術と区別できない．

アーサー・クラーク（Arthur C. Clarke） ¶60

量子力学はマジックだ

グリーンバーガー（Danny Greenberger） ¶61

😺 6.1 量子情報科学

　20 世紀を通じて起こった光と物質の量子的性質の解明は，最高レベルの知的成果だけではありません．それは，日常生活で私たちに影響を与える技術革新に導きました．例えば，レーザーです．これは，CD プレーヤーから光ファイバーネットワークで情報の伝送まで，どこにでも見られるものです．これらは，原子や電磁場の量子的性質の直接的な結果です．そして，エレクトロニクスの分野があります．

　1960 年代より前の「オールディーズ」の頃は，ラジオとテレビのような電子機器には真空管が使われていました．真空管は電流の流れを制御するための基本的な装置で，バルブとよばれることもありました．最も初期の完成した電子計算機は，1940 年代後半から 1950 年代初頭に作られましたが，それは巨大で倉庫ほどの大きさでした．

　今日のスタンダードからみると，この計算機は大して強力でもなく，速くもありませんでした．そのうえ，効率的でもありませんでした．というのは，真空管が大量の熱を発生し，そして，頻繁に切れたためです．他方，ラップトップ

¶60 （訳注）イギリス出身の SF 作家（1917–2008 年）で，「2001 年宇宙の旅」の作者です．
¶61 （訳注）量子もつれの GHZ 状態を提唱した物理学者の 1 人です．

第 6 章　量子情報と量子暗号と量子テレポーテーション

型コンピュータははるかに強力で，当時想像されたどんなコンピュータよりも高速です．この小型化とスピードの高速化の背後には，一体何があるのでしょうか？

　真空管は，量子論に基礎を置いていません．真空管は 19 世紀の技術で作られました．しかし，20 世紀の量子力学の出現で，光と原子の量子的性質だけでなく，固体物質の量子的性質に対しても基本的な理解ができました．ある種の結晶（例えば，シリコンやゲルマニウム）の量子的性質の理解は，新しい種類の電子的物質の開発に導きました．それが**半導体**です．半導体はトランジスターという新しい電子素子の開発を可能にして，それまで真空管でやっていた操作にとって代わりました．

　トランジスターを組み込んだ回路は非常に小さくでき，そして対応する真空管回路よりもはるかに少ない熱しか生じないという利点をもっています．1950 年代半ばに発明された，トランジスターは技術的革命を起こし，**第一次量子革命**ともよばれました[†22]．この革命は集積回路の改良まで続きました．それは全電子回路がシリコンウエファー（マイクロチップ）上に，フォトリソグラフィという方法で印刷されたものです．**ムーアの法則**（INTEL 創設者の 1 人であるムーア（Moore）にちなんで）によれば，マイクロチップ当たりのトランジスターの数は，これまでのデータに基づけば，18 ヵ月ごとに 2 倍になります．ムーアの法則が過去 30 年間成り立ったということは，回路の要素がはるかに小さくなるとともにそれらの間隔が狭まってくることを意味します．回路素子が互いに近づくほど，デジタルコンピュータの中央演算処理装置（CPU）の速さは増していきます．

　第一次量子革命はこれをすべて可能にしました．というのは物質構造と関係した特別な量子効果を調べることにより，量子論がトランジスターと集積回路を小型化して作る方法を教えてくれたからです．しかしながら，集積回路から作られたデジタル装置の操作には（量子的な重ね合わせやエンタングルメントに直接関係した）量子的なコヒーレンス効果はありません．その意味において，これらの操作はまさに真空管で作られた初期の装置と同じで，古典的なものな

[†22] この意味は，量子力学によってもたらされた物質の理解を基礎にして起こった技術革新のことです．主要な例はトランジスターです．レーザーはもう 1 つの例です．

のです.

しかし,回路が極めて小さくなるとともに,真の量子効果が重要になってくるでしょう.ある意味で,これはうれしくないことです.固有の量子的な不確定性が回路の機能の信頼性を失わせるかもしれないからです.例えば,より小さな回路では,配線が非常に接近するので,配線間で電子のトンネリングが生じる可能性があります.これは回路の操作をダメにする嫌な効果です.しかし別の意味では,量子的な不確定性は極めて大きな利点になる可能性もあります.事実,「第二次量子革命」は,これは過去20年ほどで進行中のものですが,量子的な重ね合わせやエンタングルメントをうまく直接的に利用する情報通信技術の開発からなっています.この新しい分野は,**量子情報科学**(QIS, quantum information science)として広く知られ,いくつかの重なり合う派生的な分野を包含しています.つまり,量子計算,量子鍵分配(量子暗号ともいいます)そして量子測定学(小さいパラメータや弱い力の超高精度での測定)などの分野です.

情報は,普通0と1で表されたバイナリー「ビット」で表現するのが最も簡単です.数字や他の種類の情報は,0と1のストリングで表現できます.そして(古典的な)コンピュータはこのようなビットのストリングを操作したり,あるいはレジスターに収納したりしています.0と1は古典的なコンピュータでは異なる電圧レベルで特徴付けられますが,量子情報科学では,情報のビットは量子状態にエンコード(符号化)されます.この量子状態は,それら自身が重ね合わせ状態であり,かつ,エンタングル状態であるか,あるいは,どちらか一方だけの状態です.

一般に,0と1の量子ビットは**キュービット**(**量子ビット**,quantum bit)とよぶ $|0\rangle$ と $|1\rangle$ でそれぞれ表します.もちろん,実際の量子プロセッシング装置では,キュービットは使用される量子系の状態で表さねばなりません.例えば,光子の偏光状態 $|H\rangle$ は $|0\rangle$ キュービットで表し,$|V\rangle$ は $|1\rangle$ キュービットで表します.しかし,キュービットは量子ビットなので,例えば $|+\rangle = (|0\rangle + |1\rangle)/\sqrt{2}$ と $|-\rangle = (|0\rangle - |1\rangle)/\sqrt{2}$ のような重ね合わせ状態にもできます.状態 $|0\rangle$ と状態 $|1\rangle$ がそれぞれ垂直偏光と水平偏光の光子を表す場合,上の $|+\rangle$ と $|-\rangle$ の状態はそれぞれ $\pm 45°$ に偏光した光子を表しています.

第6章 量子情報と量子暗号と量子テレポーテーション

　量子情報科学の重要性は，これまでのどんな古典的プロセッサーも不可能だった高速度での情報プロセッシングが，量子ゲートを通って情報を操作する新しい方法によって可能になるところにあります．でもなぜ，この高速化が重要なのでしょうか．これを暗号法の分野で考えてみましょう．これは，コードを作ったり解読したりする科学分野です．今日使われているほとんどの暗号化システムはその安全性（鍵を秘密にしておくこと）の基礎を，非常に大きな整数の素因数を見つける困難さに置いています．

　素数とは，1とそれ自身を除数とする整数のことです．例えば，1, 2, 3, 5, 7, 11などは，すべて素数です¶62．非常に大きな整数の素因数のセットは，整数の除数であるすべての素数のセットです．もし，それらがわかっていれば，暗号の鍵はわかります．悪いニュースは，暗号盗聴者イブ¶63が素因数分解に長けていることです．非常に大きな整数は公然と使われているので，イブに知られているでしょう．しかし，その素因数を見つけることは非常に困難な計算上の問題があるので，鍵は実用上は安全です．事実，実用的な暗号システムで使われる数は非常に大きいので，既知のアルゴリズムを使って素因数を見つけようとしても，いまのデジタルスーパーコンピュータでも，計算時間は宇宙の年齢（およそ140億年）よりも大きくなるでしょう．この方法によるコード解読に要する時間は，数の長さとともに「指数関数的」に増大します．

　もちろん，つねに新しいアルゴリズムが開発され，古典的なコンピュータの計算を何倍もスピードアップさせる可能性はあります．しかし，1994年にショア（Shor）は量子コンピュータが（もしそのようなものが作られるならば）従来のデジタルコンピュータよりももっと短い時間で素因数を見つけられることを示しました．ショアの素因数分解アルゴリズムは古典的なコンピュータには装備できません．一方，量子コンピュータは量子的重ね合わせ状態のために，古典的なコンピュータとはまったく異なる仕方で操作されます．古典的なコンピュータにおいて，計算を実行するために要求される操作は本質的に時系列的です．

¶62　（訳注）原著の素数の定義は間違っています．素数は，1より大きい整数 p が，1と p 以外には約数をもたない場合，この数 p を素数とよびます．したがって，1を除外した 2, 3, 5, 7, 11 などが素数になります．

¶63　（訳注）イブの名前の方には気の毒ですが，情報を盗むものの代表として登場します．

しかし，量子コンピュータでは，古典的なコンピュータでは絶対にできない方法によって量子的重ね合わせが高度の並列計算を可能にします．古典的なコンピュータの場合，計算中のどの時点でも，情報に対するレジスター状態は確定したビット配列になります．一方，量子コンピュータの場合は，レジスターは一般にそのような確定した配列の重ね合わせ状態になります．ということは，そのレジスターの配列が客観的に不確定であることを意味します．

　幸か不幸かは見方によりますが，大きなスケールの量子コンピュータはまだ作られていませんし，近い将来にできるかどうかもわかりません．ショアの素因数分解アルゴリズムは，**核磁気共鳴**というプロセスに基礎をおく小型の量子コンピュータに装備されて，15の素数（3と5）を見つける計算に使われました．なお，核磁気共鳴は磁気共鳴イメージング（MRI）の背後にあるプロセスと同じものです．しかし，このプロセスは，暗号に使われる非常に大きな数を素因数分解することはできません．最近，2つのグループ（ホーフェイ（Hefei）国立研究所のジエン・ウエイ・パン（Jian-Wei Pan）グループとクイーンランド大学のホワイト（White）グループ）がショアのアルゴリズムの光学的バージョンを使って，大きな数を素因数分解できると主張しています．

　しかしながら，どのように実施しようとも，量子情報を処理するために使われる粒子や相互作用は，装置を取り囲む環境とのランダムで制御できない影響を受けます．そのために，大型の量子コンピュータを実現するのは一般に難しくなります．このような環境の効果は，量子的重ね合わせ状態を劣化させたり，量子コヒーレンスを壊す傾向があります．そのため，量子計算を理論的に可能にする基礎部分は，環境効果によってはじめから壊されてしまうのです．量子的重ね合わせ状態のこの劣化は，**デコヒーレンス**として知られているプロセスで，量子状態を古典的状態に変えてしまいます．このデコヒーレンスに関する説明は第7章で行います．

🐾 6.2　量子鍵配送

　量子鍵配送（QKD, quantum key distribution），あるいは，**量子暗号**は秘密通信の絶対に安全な方法です．そして，量子コンピュータが使えるようなっ

第6章 量子情報と量子暗号と量子テレポーテーション

たとしても，この安全性は変わりません．基本的なアイデアは，アリスとボブが量子状態を使って暗号鍵を確立できるところにあります．普通，その状態は単一光子の偏光状態で作られますが，この状態は盗聴者（イブ）に破られることはありません．

量子的重ね合わせ状態が含まれているために，イブがこの状態を傍受して鍵を盗もうとすれば，必然的に量子的重ね合わせ状態そのものを変えてしまうことになります．さらに，イブは傍受した状態をそっとボブに転送しなければなりません．しかし，アリスとボブの間には，事前に鍵を確立するために決めた通信手順（プロトコル）があるので，ボブは自分の測定結果が予想から明白にずれれば，ボブは誰かが盗聴していることに気づきます．イブが測定（盗聴）すれば，重ね合わせ状態は1つの確定した状態に収縮するので，イブはアリスがボブに送ったはじめの状態を知ることはできません．つまり，量子鍵配送では，量子的重ね合わせ状態を測定すれば盗聴した痕跡が残るので，安全性が確保されるのです．

これがどのようにうまくいくかを見るために，最初にビットとバイナリー数について少し説明しましょう．数字0と1は2進法の要素で，2を底とする数の体系です．日常生活では普通は底10の10進法を使いますが，コンピュータでは底2で情報を貯めたり，処理したりします．底10の場合，$1, 2, 3, 4, \ldots$ と数えます．一方，底2の場合は $0, 1, 10, 11, 100, \ldots$ と数えます[64]．したがって，両者には $0_{10} = 0_2, 1_{10} = 1_2, 2_{10} = 10_2, 3_{10} = 11_2, 4_{10} = 100_2$ のような等価な関係があります．ビットのストリングは，すべての種類の情報を表すのに使うことができます．

さて，アリスは秘密にしておくべき数をもっており，これをボブに伝達したいと思っているとしましょう．話を簡単にするために，その秘密の数は底10で5とします．2進数を使うと，秘密の数5は101です．アリスはこの数をある方法で暗号化して，ボブに送る必要があります．そして，ボブは秘密の数5を

---

[64] （訳注）0（ゼロ），1（イチ），10（イチゼロ），11（イチイチ），100（イチゼロゼロ）のように読みます．2進法の計算例を示しておきます．$0_2 = 0 \times 2^0 = 0$, $1_2 = 1 \times 2^0 = 1$, $10_2 = 1 \times 2^1 + 0 \times 2^0 = 2$, $11_2 = 1 \times 2^1 + 1 \times 2^0 = 3$, $100_2 = 1 \times 2^2 + 0 \times 2^1 + 0 \times 2^0 = 4$, $101_2 = 1 \times 2^2 + 0 \times 2^1 + 1 \times 2^0 = 5$.

6.2 量子鍵配送

得るために,逆の操作,つまり復号化(暗号解読)をします.そのとき,アリスは**鍵**として知られる3ビットのストリングを,2進法を使って秘密の数5に加え,数5を暗号化しています.アリスとボブは,とにかく何らかの方法によって事前に鍵について合意していますが,それは秘密にしておかねばなりません.それで,アリスは $1+1$ (底10で) $= 10$ (底2で) のような2進法を使って,鍵(ここでは001としています)を2進数表示の5(つまり,101)に加えて,$101 + 001 = 110$ とします.それから,アリスはこの暗号110をボブに電話などの公共のチャンネルを使って送ります.ボブは事前に鍵を知っているので,暗号110からそれを引いて送信データ101を得ることができます[65].

もちろん,トリックはアリスとボブが鍵を確立するところにあります.要は,盗聴者イブが鍵にアクセスできないか,あるいは,たとえイブがアクセスしようとしても,その企みが暴かれるような方法を作ることです.そうすれば,安全な量子鍵配送が可能になります.

BB84として知られるQKDスキーム(あるいは通信手順)を説明しましょう.BB84は1984年にプロトコルを提唱したベネット(IBMのBennett),ブラザール(モントリオール大学のBrassard)にちなんだ名称です.これは初めて考案されたQKDプロトコルでした.前章で使ったタイプの偏光状態を使います.偏光Hはビット値0を表し,Vはビット値1を表します.同様に,$\pm 45°$偏光をそれぞれ0と1状態で指定することもできます.ここで,これらの光子状態は,式(5.18)〜(5.21)で与えられるように,互いの重ね合わせ状態であることを忘れてはなりません.このプロトコルのセットアップは,図6.1に示されています.

アリスは,偏光をランダムに選べる光子の光源をもっていると仮定します.彼女は,H,V,$+45°$,$-45°$ のいずれかの状態にランダムに偏光した一連の光子をボブに送ります.ボブは,2種類の測定のどちらか1つを実行します.1つの測定はHとV偏光を区別する実験で,それを「+」測定で表します.もう1

---

[65] (訳注) ここの話の流れがわかりづらいので補足します.鍵に使う001をアリスとボブは秘密の数5(101)に埋め込んで,暗号にしなければなりませんが,2人の間でこの鍵(001)を事前に決めておかねばなりません.この鍵を決める具体的な方法が,このあとに図6.1を使って詳しく説明されています.

第6章 量子情報と量子暗号と量子テレポーテーション

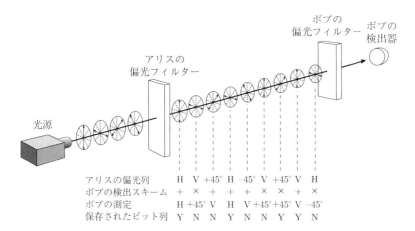

図 6.1 偏光光子を使った QKD スキーム BB84 の図. アリスとボブは H,V, +45°, −45° を自由に生成できる回転可能な偏光板をもっている. アリスはボブに偏光した一連の光子をランダムに送る. ボブは, 本文中に説明しているような, 「+」測定か「×」測定をランダムに行う.

つの測定は ±45° 偏光を区別するもので,「×」測定で表します.

ボブは測定結果を記録し, それを安全性の低い公共チャンネル (たぶん電話線) を使ってアリスに, 各光子ごとにどのような種類の測定を行ったかを知らせます. しかし, その測定結果はアリスに伏せておきます. そして, アリスはボブに彼の測定のどちらが正しいタイプであったかだけを告げます.

例えば, アリスがボブに H 偏光の光子を送り, そして, ボブが「+」測定したことを彼女が知れば, アリスはボブにそれは正しい測定だと告げます.「+」測定により, ボブは光子の偏光が H であることを知るので, アリスとボブはそれを明かすことなく, ともに光子の偏光を知ることになります.

しかし, もしボブが「+」測定の代わりに「×」測定すれば, そのとき, 偏光状態 |H⟩ は |±45°⟩ 状態の重ね合わせ状態であるから, ボブは ±45° のどちらかを得ることになります. 彼は |H⟩ と |V⟩ を区別することはできません. なぜなら, |V⟩ のほうも |±45°⟩ 状態の重ね合わせ状態だからです. それで, この意味において, ボブは間違った測定を行ったことになり, アリスはボブにその測定は正しくないと告げます. そのため, その結果は捨てねばなりません.

同様に，もしアリスが +45° 偏光光子をボブに送り，ボブが「×」測定すれば，アリスは正しい測定だと告げるので，その結果は保存されます．しかし，もしボブが「+」測定すれば，アリスは正しくないと告げるので，その結果は捨てられます．

このようにして保存された結果（それらはアリスとボブに知られています）に対して，H 偏光の結果は 0 値に指定し，V 偏光の結果は 1 に指定します．また，−45° の結果は 0 に指定し，+45° の結果は 1 に指定します．

一例として，アリスがボブに偏光した光子の列

  H V +45° H −45° V +45° V H...

を送るとします．そして，ボブは次のようなタイプの一連の測定

  + × + + + × × + ×...

を行ったとします．そして，その結果をボブは

  H −45° V H V +45° +45° V −45°...

のように記録するとします．それからボブはアリスに，彼がそれぞれの場合に行った測定のタイプを知らせます．そして，アリスはボブにそのタイプが正しいか正しくないかを答えます．その答えは

 Yes No No Yes No No Yes Yes No...

です．最後に，正しいタイプの結果から，それらの偏光が数の指定に

  0 − − 0 − − 1 1 −

のように使われます．したがって，ビット列 0011··· のストリングがこのプロセスから抽出されます．これが，鍵の構成要素になります．

はじめの 3 ビットが 001 であることに注意してください．この 001 は数字 5 を 2 進法で暗号化するときに話した鍵そのものです．要するに，いま説明した

第 6 章　量子情報と量子暗号と量子テレポーテーション

ような方法で，この鍵にアリスとボブは到達できるのです．もちろん，アリスがボブに光子偏光の異なる列を送り，ボブが同様な測定を続ければビット列は変わるので，鍵も別のものになります．

　この QKD プロトコルの安全性は，次のように理解できます．イブがアリスからの光子を盗聴しようとしているとします．イブはオリジナルの偏光状態を知らないので，「+」測定か「×」測定のどちらかを実行することになります．いま，アリスはボブに H 偏光の光子を送ったとします．イブはそれを盗聴して「×」測定をし，+45° 偏光だったとします．イブは自分の存在がわからないように，この光子をボブに送らねばなりませんが，イブはこの光子にどのような偏光を指定するでしょうか．仮にイブはボブに +45° 偏光を送り，ボブは「+」測定したとします．このとき，ボブが H 偏光の光子を得ればこれは正しい結果になります．しかし，ボブが V 偏光の光子を得れば，間違った結果になります．

　ボブはアリスに「+」測定したことを伝えれば，アリスはその測定は正しいと告げます．アリスは H 偏光の光子を送ったので，アリス自身はこれを 0 と指定します．しかし，ボブが V 偏光の光子を得ていたとすれば，彼はそれを 1 に指定します．これを続けていくと，イブの盗聴によってビット列がランダムになります．したがって，アリスとボブが 2 人のデータの一部分を電話など（これを「古典的なチャンネル」といいます）で公然と比較すれば，エラーが見つかります．つまり，イブの存在が暴露されたことになる[¶66]ので，2 人は自分たちのデータすべてを捨てて，最初からやり直すことになります．

　現実には，盗聴者がいなくても，データにエラーが生じることがあります．そのため，エラーが一定のレベル，例えば 10% を超えるときにのみ，盗聴者の存在を疑うことになります．

　私たちは QKD プロトコルの要点だけをここで話しました．QKD の実現には，私たちが話したよりもはるかに複雑なこと，検出器の効率の問題などがあります．さらに，BB84 プロトコルは 1 つの形式に過ぎず，そして，QKD プロ

[¶66]（訳注）イブが盗聴の痕跡を残してしまうのは，**複製不能の定理**（ノー・クローン定理）があるからです．この定理は量子論ではコピーが不可能であるというものです．この定理がなければ，イブはアリスから受け取った光子状態をコピーしてからそれを測定し，オリジナルはそのままボブに送れば盗聴を気づかれることはありません．ちなみに，この複製不能の定理は 6.3 節の「量子テレポーテーション」でも重要な役割を果たします．

トコルのうちで，おそらく複雑さの度合いが最も小さいものです．大半のプロトコルはその安全性の基礎をエンタングルメントに置いています．それらは第5章で話したベル型の状態を含む場合もあります．

もつれ光子を使って長距離間の交信を秘密に行うためには，2光子間のエンタングルメント（アリスの1光子とボブの1光子）は，その距離の間で維持されねばなりません．この原稿を書いている時点で，効率的なエンタングルメント分布の記録は200 kmです．これはイギリスのケンブリッジにある東芝研究所のグループと，日本の神奈川にあるNTTによってなされたものです．しかし，ジュネーブ大学とコーニング（Corning）会社のグループは，非常にロスが小さな光ファイバーを使って（コーニングによってなされた）250 kmの距離で高効率QKDを行いました．しかし，使用されたプロトコルには，エンタングルメントは含まれていません．

先に述べたように，QKDはすでに商業用になっています．さらに，興味ある公共実験がなされています．その1つは，スイスでの選挙に関連したものであり，もう1つはスイス銀行の取引に関するものです．量子鍵配送は実用レベルに近づいているように思われます．

6.3　量子テレポーテーション

カーク船長，安心してくれ，ベストを尽くすから　¶67

量子情報科学の分野から現れた，もっと奇妙な性質は，量子もつれを使ってある場所から非常に離れた別の場所に未知の量子状態を転送する能力です．このプロセスは**量子テレポーテーション**として知られており，ベネット（Bennett）らによって提唱されました．オリジナルの状態を運ぶ**粒子自体は転送されません**．正確に言えば，転送されるのは粒子の状態だけです．

いまから，関連した状態のすべての情報を運ぶ粒子は偏光光子であると仮定して，この現象を詳しく解説しましょう．しかし最初に，テレポーテーションプロトコル（手続き）を行うのに必要になる，ある種の射影測定について少し

¶67　（訳注）映画「スタートレック」のワンシーンです．

第 6 章　量子情報と量子暗号と量子テレポーテーション

説明しておく必要があります.

アリスは，未知の 1 光子偏光状態 $|\psi\rangle_\text{X} = c_\text{H} |H\rangle_\text{X} + c_\text{V} |V\rangle_\text{X}$ をボブにテレポートしたいとしましょう．ただし，係数 c_H と c_V の値はアリスに知らされていません．添字 X はその光子の状態が未知であることを意味します（なぜなら c_H と c_V は未知だから）．もつれ光子の光源は，2 光子偏光もつれ状態を生成します．図 6.2 に示すように，偏光もつれ状態の 2 光子 A と B はそれぞれアリスとボブに渡されます．この任意の 2 光子偏光もつれ状態を

$$|\Psi\rangle_\text{AB} = \frac{1}{\sqrt{2}} \left(|H\rangle_\text{A} |V\rangle_\text{B} - |V\rangle_\text{A} |H\rangle_\text{B} \right) \tag{6.1}$$

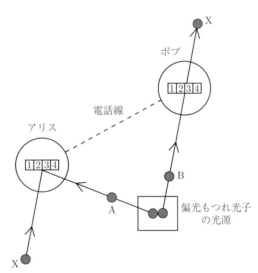

図 6.2　量子テレポーテーションの背後にある中心的なアイデアの図．アリスは未知状態の 1 光子 X と 2 光子もつれ状態のうちの 1 光子 A をもっている．ボブは 2 光子もつれ状態のもう一方の光子 B をもっている．アリスは自分の光子にジョイント測定を行い，4 つの状態 $|\Phi_1\rangle, |\Phi_2\rangle, |\Phi_3\rangle, |\Phi_4\rangle$ のどれが検出されるかを調べる．それから，アリスはボブに古典的なチャンネル（電話）を使って自分の結果をボブに知らせる．したがって，ボブは自分の光子をテレポートされた状態に置き換えるために，どのような操作をすべきかがわかる．

としましょう．これは1個の光子がH（水平）方向に，もう1個の光子がV（垂直）方向に偏光している状態の重ね合わせです．

テレポートする未知の1光子偏光状態 $|\psi\rangle_X$ と2光子偏光もつれ状態 $|\Psi\rangle_{AB}$ を併記した状態を $|\Phi\rangle_{XAB} = |\psi\rangle_X |\Psi\rangle_{AB}$ と置けば，これは，少し計算のあとで

$$|\Phi\rangle_{XAB} = \frac{1}{\sqrt{2}}\Big(c_H |H\rangle_X |H\rangle_A |V\rangle_B - c_H |H\rangle_X |V\rangle_A |H\rangle_B \\ + c_V |V\rangle_X |H\rangle_A |V\rangle_B - c_V |V\rangle_X |V\rangle_A |H\rangle_B\Big) \quad (6.2)$$

のように書けます．アリスはテレポートする未知の状態 X と2光子もつれ状態の光子 A をもっていますが，ボブは2光子もつれ状態の光子 B をもっています．

さて，ここで光子 X の状態 $|\Psi\rangle_X$ と光子 A の状態 $|\psi\rangle_A$ で構成された次の4つの状態

$$|\Phi_1\rangle \equiv \frac{1}{\sqrt{2}}\Big(|V\rangle_X |H\rangle_A - |H\rangle_X |V\rangle_A\Big) \quad (6.3)$$

$$|\Phi_2\rangle \equiv \frac{1}{\sqrt{2}}\Big(|V\rangle_X |H\rangle_A + |H\rangle_X |V\rangle_A\Big) \quad (6.4)$$

$$|\Phi_3\rangle \equiv \frac{1}{\sqrt{2}}\Big(|H\rangle_X |H\rangle_A - |V\rangle_X |V\rangle_A\Big) \quad (6.5)$$

$$|\Phi_4\rangle \equiv \frac{1}{\sqrt{2}}\Big(|H\rangle_X |H\rangle_A + |V\rangle_X |V\rangle_A\Big) \quad (6.6)$$

を導入しましょう．記号 ≡ は「で定義する」という意味です．式 (6.3)～(6.6) の4つの状態を**ベル状態**[68]といいます．というのは，ベルの定理に密接に関係しているからです（これらはすべて，ベルの不等式の破れをもたらす状態になります）．

式 (6.3) と式 (6.4) から，$|V\rangle_X |H\rangle_A = (|\Phi_1\rangle + |\Phi_2\rangle)/\sqrt{2}$ と $|H\rangle_X |V\rangle_A = (|\Phi_2\rangle - |\Phi_1\rangle)/\sqrt{2}$ が作られます．同様に，式 (6.5) と式 (6.6) から，$|H\rangle_X |H\rangle_A =$

---

[68] (訳注) 2粒子状態が最大限にエンタングルしている状態は4つあり，それら全体をベル状態，あるいはベル基底とよびます．このあとの計算で示されているように，任意の2粒子の偏光（やスピン）状態はこの4つのベル状態の線形結合で表現できます（例えば，$|V\rangle_X |H\rangle_A = (|\Phi_1\rangle + |\Phi_2\rangle)/\sqrt{2}$）．このような性質を「4つのベル状態は完全系である」といいます．

第6章 量子情報と量子暗号と量子テレポーテーション

$(|\Phi_3\rangle + |\Phi_4\rangle)/\sqrt{2}$ と $|V\rangle_X |V\rangle_A = (|\Phi_3\rangle - |\Phi_4\rangle)/\sqrt{2}$ が作られます．これらを式 (6.2) に使うと，状態 $|\Phi\rangle_{XAB}$ はベル状態を使って

$$|\Phi\rangle_{XAB} = \frac{1}{\sqrt{2}} \left[|\Phi_1\rangle \left(c_H |H\rangle_B + c_V |V\rangle_B \right) + |\Phi_2\rangle \left(-c_H |H\rangle_B + c_V |V\rangle_B \right) \right.$$
$$\left. + |\Phi_3\rangle \left(c_H |V\rangle_B + c_V |H\rangle_B \right) + |\Phi_4\rangle \left(c_H |V\rangle_B - c_V |H\rangle_B \right) \right] \tag{6.7}$$

のように書き換えることができます．

いま，アリスは未知状態 $|\Psi\rangle_X$ の光子と光子 A を測定して，4 つの状態 $|\Phi_1\rangle, \ldots, |\Phi_4\rangle$ のうちの 1 つ $|\Phi_1\rangle$ を観測したとします．このとき，ボブの光子は状態 $c_H |H\rangle_B + c_V |V\rangle_B$ に射影されます．そこで，アリスがボブに電話で状態 $|\Phi\rangle_1$ を検出したと告げれば，ボブは自分の光子が転送元のオリジナルな光子状態，つまり，アリスがテレポートしたかった $c_H |H\rangle_X + c_V |V\rangle_X$ になっていることを知ります．ボブのもっている光子自体はオリジナルな未知状態の光子と同じものではありませんが，係数 c_H, c_V はオリジナルの状態と同じものです．そして，まだ未知のままです．

注意してほしいことは，テレポートされるオリジナルの状態（実際には，その状態を担っている光子）は，アリスによる測定で一般に壊されることです．したがって，「もつれ状態の光子」と「テレポートするオリジナル光子」をジョイントさせた測定（ベル測定）を行えば，アリスは遠く離れたボブの光子をオリジナル光子と同じ状態に射影できることになります[¶69]．この量子テレポーテーションがアインシュタインを悩ませたもう 1 つの非局所的な **奇妙な遠隔作用** なのです[¶70]．

式 (6.7) からわかるように，アリスが光子 X と光子 A にジョイント測定をす

[¶69] （訳注）同時に，アリスの手元にあるオリジナルの光子は，アリスのベル測定のために壊れます．そのため，アリスの手元から光子 X が消え，ボブの手元の光子 B が光子 X の状態，あるいはそれに変換可能な状態になります．つまり，光子 X の状態がアリスからボブにテレポートしたことになります．なお，ベル測定とは，観測対象が式 (6.3)〜(6.6) の 4 つのベル状態のうちのどれであるかを決める測定のことです．

[¶70] （訳注）ただし，あとの話でわかるように，ボブはアリスの測定結果を古典的なチャンネル（通常の通信で，例えば，電話）で得なければなりません．このような "古典的通信" は光速度を超える速度ではできないので，量子テレポーテーションは特殊相対論とは矛盾しません．

6.3 量子テレポーテーション

るとき，状態 $|\Phi_1\rangle, \ldots, |\Phi_4\rangle$ のいずれかを得るチャンスは 1/4 です．アリスは $|\Phi_2\rangle$ を得て，ボブにこの結果を伝えるとします．そのとき，ボブは自分の光子が $-c_H |H\rangle_B + c_V |V\rangle_B$ 状態に射影されたことを知ることになります．しかし，これはオリジナルの状態ではありません．なぜなら，符号にマイナスがあるからです．オリジナルの状態を得るには，ボブは自分の光子に $|H\rangle_B \to -|H\rangle_B$ と $|V\rangle_B \to |V\rangle_B$ の変換をしなければなりません．

同様に，もしアリスが $|\Phi_3\rangle$ を検出すれば，ボブの光子は $c_H |V\rangle_B + c_V |H\rangle_B$ 状態に射影されるので，ボブは自分の光子に $|V\rangle_B \to |H\rangle_B$ と $|H\rangle_B \to |V\rangle_B$ の変換をしなければなりません．

最後に，アリスが $|\Phi_4\rangle$ を検出すれば，ボブの光子は $c_H |V\rangle_B - c_V |H\rangle_B$ 状態に射影されるので，ボブは自分の光子に $|V\rangle_B \to |H\rangle_B$ と $|H\rangle_B \to -|V\rangle_B$ の変換をしなければなりません．したがって，すべての場合で，テレポートされるオリジナルの状態はボブによって再構成されます[¶71]．ボブが光子の偏光状態を変える操作は，位相や偏光の調整なので，光学装置を使って簡単に実行できます．

いま説明した現象が，量子テレポーテーションとよばれるものです．というのは，原理的に，アリスとボブは大きく隔たった所にいるからです．これは，映画スタートレックでおなじみの「トランスポーター」という装置に似ています．面白いことに，スタートレックでのテレポーテーションは制作費用の抑制から生じたものでした．つまり，異星人の世界に宇宙船を着陸させる撮影の費用を抑えるために考え出された「発明」でした．でも，この量子テレポーテーションは，スタートレックのトランスポーターとは少し異なります．スタートレックの原作者は，トランスポーターに物体の材料を送る能力と材料を再び構築させる能力をもたせています．つまり，トランスポートされる物体や人物を非物質化して転送し，そして，離れた場所で再構成します．しかし，実際には

[¶71] （訳注）アリスがボブにどのベル状態を測定したかを伝えれば，ボブは式 (6.7) の 4 つの状態のうちどれが実現したかを知ることになります．1 つはアリスと同じ状態であり，他の 3 つは偏光の回転や対称操作によって，アリスの状態に変換可能な状態です．数学的に表現すれば，これら 4 つの状態は互いにユニタリー変換で結ばれていることになります．要するに，受け手の手元で転送元と同じ量子状態が再現されることになります．なお，電話などによる古典通信の内容は，未知の 1 光子偏光状態 $|\Psi\rangle_X = c_H |H\rangle_X + c_V |V\rangle_X$ には無関係なので（つまり，通信内容には c_H と c_V が含まれていないので），電話から情報が漏れることはありません．

本物の物質を転送する必要はありません．すなわち，正確にその組成と構造を知っていると仮定すれば，元のコピーを送るだけでよいのです．コピーはオリジナルとは異なる原子で構成されるかもしれませんが，特定の種類の原子はすべて同じなので問題はありません（例えば，1 個の炭素原子は他の炭素原子と区別できません）．スタートレックで描かれたテレポーテーションとは異なり，量子テレポーテーションでは，未知の量子状態を保持したままで原子や光子を転送することはできません[72]．実際には，オリジナルの未知の偏光状態はテレポーテーション過程で壊されます．そして，ボブによって再構成される状態はオリジナルの状態と同じものです．たとえ，ボブがオリジナルの状態が何であるかを知らないままであっても．

😺 6.4　テレポーテーションの実験

1977 年にツァイリンガーのグループが行ったテレポーテーション実験の話をしましょう．実験装置は図 6.3 に示しています．結晶は，「転送される状態」の光子と「アリスとボブに共有されるもつれ状態」の光子を生成するために使われます．アリスとボブは図 6.3 に 2 台の検出器として描かれています．紫外線レーザ（UV）のパルスが結晶の左から入射し，ビーム A とビーム B の中にある偏光もつれの光子ペア（光子 A と光子 B）を図 6.3 に示すプロセスで生成します．これが上述した状態 $|\Psi\rangle_{AB}$ です．ビーム A はアリスのほうに反射し，ビーム B はボブのほうに向かいます．

レーザーパルスの UV 光子のほとんどは結晶を通過して鏡にぶつかり，そこで反射して結晶に戻り，別のもつれ光子ペア（光子 C と光子 D）を生成します．それらはラベル C と D が付けられたビームで

$$|\Psi\rangle_{CD} = \frac{1}{\sqrt{2}}\left(|H\rangle_C |V\rangle_D - |V\rangle_C |H\rangle_D\right)$$

のように与えられます．私たちは，この状態のエンタングルメントは直接使いません．ビーム C は前方にある偏光フィルターのついた検出器に到達します．その偏光フィルターは，例えば，C ビーム内の H（水平）方向に偏光した光子

---
[72]（訳注）158 頁の訳注 66 の「複製不能の定理」を参照してください．

6.4 テレポーテーションの実験

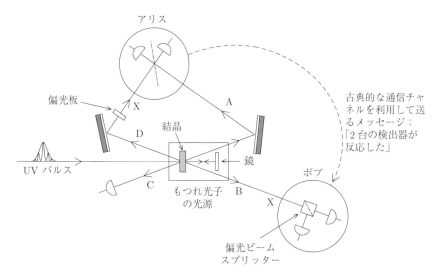

図 6.3 ツァイリンガーグループの行ったテレポーテーション実験装置の図. 説明は本文を参照.

だけが検出器に到達するようにセットされています. この検出器が反応すれば, 実験者は D ビームが V（垂直）方向に偏光していることを知ります. つまり, $|\Psi\rangle_{CD} \xrightarrow{|H\rangle_C \text{を測定}} |V\rangle_D$ のような状態の収縮が起こることになります.

したがって, 光子 C の検出は, エンタングルメントによって, パートナー光子 D の存在を知らせます. さらに, この検出によって光子 D はエンタングルメントから「解放されます」. つまり, もう光子 D はもつれてはいません. そして, この光子 D がテレポートしたい状態を運んでくれます.

光子 D でテレポートされる状態は, 図 6.3 のように, アリスのビームスプリッタと鏡の間に置いた偏光板で準備されます. この偏光板の角度を調整して $|V\rangle_D \to |\Psi\rangle_X = c_H |H\rangle_X + c_V |V\rangle_X$ のように変換します. ここで, 係数 c_H と c_V は偏光板の角度だけに依存します. 原則として, アリスは偏光板に設定された角度を知りません. もちろん当然ですが, 実験室で偏光板の角度を設定した人は, 光子がどの状態に準備されているかを正確に知っています. 図 6.3 で注意してほしいことは, アリスのところにはビームスプリッタと 2 台の検出器が

第 6 章　量子情報と量子暗号と量子テレポーテーション

あるだけで，偏光角がわかる偏光板はないということです．

　6.3 節で説明したことを覚えていると思いますが，この時点でアリスは 4 つのベル状態 $|\Phi_1\rangle, \ldots, |\Phi_4\rangle$ から 1 つのベル状態を検出する測定（これを**ベル測定**といいます）をしなければなりません．これらのベル状態はすべて，2 個の光子 A，X の状態なので，4 つのベル状態を区別する実験は簡単ではありません．そして，この実験（ベル測定）は偏光板による変換操作の前に行うことはできません．

　この実験をどのように行うかを見てみましょう．アリスはビームスプリッター BS をもっています．そこで，この BS の両側に光子 X と光子 A を同時に入射させます．最初に $|\Phi_3\rangle$ と $|\Phi_4\rangle$ の状態を考えましょう．式 (6.5) と式 (6.6) からわかるように，これらの状態は $|H\rangle_X |H\rangle_A$ と $|V\rangle_X |V\rangle_A$ の重ね合わせ状態です．そして，それぞれの成分は同じ偏光（HH か VV のどちらか）なので，2 個の光子は同一状態です．そのため，この 2 個の光子がビームスプリッタの両側に同時に入射すれば，同じ経路に沿って出て行くことになります．これは第 4 章で話したホーン–オウ–マンデル効果です．したがって，$|\Phi_3\rangle$ と $|\Phi_4\rangle$ 状態の光子は区別できません．

　同様に，ビームスプリッターに入射する $|\Phi_2\rangle$ 状態の光子も，たとえ光子が同一でなくとも，同じ経路を通って検出器へ行きます．なぜなら，$|\Phi_2\rangle$ を $|\pm\rangle$ 偏光状態で表せば

$$|\Phi_2\rangle = \frac{1}{\sqrt{2}} \left(|+\rangle_X |+\rangle_A - |-\rangle_X |-\rangle_A \right)$$

となり[¶73]，この重ね合わせ状態の 2 つの項はそれぞれ同一光子を含んでいるからです．したがって，これらがビームスプリッタに入射すると，再びホーン–オウ–マンデル効果によって同じ方向に進んでいくことになります．このように，ツァイリンガーの実験では $|\Phi_2\rangle$ と $|\Phi_3\rangle$ と $|\Phi_4\rangle$ を区別できません．

　このため，量子テレポーテーションの可能性があるのは $|\Phi_1\rangle$ を検出できる場合だけです．しかし，$|V\rangle_X |H\rangle_A$ と $|H\rangle_X |V\rangle_A$ の間にある「$-$」符号のために，光子が**同じビーム**に現れるときは，すべての可能な結果は消えてしまいま

[¶73]（訳注）式 (6.4) の右辺に式 (5.20) と式 (5.21) を代入して，ケットベクトルを普通の文字式と見なして代数計算すれば $|\Phi_2\rangle$ になります．

6.4 テレポーテーションの実験

す．そのため，$|\Phi_1\rangle$ 状態の 2 個の光子はビームスプリッタを出てから別々の経路をとらなければなりません．このときには，2 台の検出器が必ず反応するので，$|\Phi_1\rangle$ のベル状態は他のベル状態から区別できます．4 つのベル状態はすべて同じ割合で存在するので，実験の約 25% は $|\Phi_1\rangle$ 状態の検出になります．明らかに，実験の 75% は 1 台の検出器だけが反応するので，その実験結果はすべて捨てなければなりません．

アリスが $|\Phi_1\rangle$ を検出して結果をボブに告げると，前に説明したように，ボブはアリスが送ったオリジナルの未知状態を受け取ったことを知ります．事実，アリスが $|\Phi_1\rangle$ を検出した瞬間に，ボブの光子も状態 $c_H |H\rangle_B + c_V |V\rangle_B$ に射影されます．これはアリスが送った未知状態 $|\Psi\rangle_X = c_H |H\rangle_X + c_V |V\rangle_X$ のコピーです．しかし，これらの状態が本当にお互いのコピーであることを実証する必要があります．

ツァイリンガーの実験では，未知状態を生成するために使った偏光板は $+45°$ にセットされました．これは $|\Psi\rangle_X = |+\rangle_X = (|H\rangle_X + |V\rangle_X)/\sqrt{2}$ を意味します．したがって，アリスが $|\Phi_1\rangle$ を検出したとき，ボブは状態 $|+45°\rangle_B = (|H\rangle_B + |V\rangle_B)/\sqrt{2}$ をもっていることになります．

ボブのところには，図 6.3 に示すような 2 方向の出力チャンネル（$+45°$ 偏光の出力チャンネルと $-45°$ 偏光の出力チャンネル）をもった偏光ビームスプリッターがあります．アリスが $|\Phi_1\rangle$ を検出するたびに，ボブの検出器は $+45°$ ビームだけに反応するはずです．これがツァイリンガーの実験で観測されたものでした．もちろん，どんな実験でもそうですが，100% クリーンな実験はありません．実験には，さまざまな種類の不確定さがつきまといます．ツァイリンガーの実験は 70% の精度をもっていましたが，最近の実験では約 90% まで精度を上げています．

この実験が開始された頃，4 つのベル状態の 1 つを使って量子状態のテレポーテーションを実行する技術が見つかりました．そして，いま説明したような実験には，テレポートされる状態は光子状態が使われました．

しかし，物質の量子状態をテレポートすることも可能です．これは，最近メリーランド大学のモンロー（Monroe）が率いるグループによる実験でなされました．これは，トラップされた原子イオンの状態を 1 メートル離れてトラップ

第6章　量子情報と量子暗号と量子テレポーテーション

されている別の原子のイオンにテレポートする実験です．テレポートされる状態は物質の状態（イオン）でした．しかし，テレポーテーションは光子を使ってなされました．これ以上，この実験に深入りしませんが，物質の量子状態のテレポーテーション実験として正式に記録されています．このような実験は，映画「スタートレック」に登場する未来技術に近づく第一歩になるかもしれません．

　量子テレポーテーションは，量子状態に関する情報の転送を含んでいます．その情報は送り手にも受け手にも知られていません．原理的に，転送は遠距離の間で行われます．筆者たちの知る限り，テレポーテーションが実施された最大距離は 2 km でした．これは，ジュネーブのジシンのグループによってなされたものです．このような転送は可能です．なぜなら，もつれ状態が有する固有の非局所性と，測定に付随する射影効果のためです．

　量子テレポーテーションの応用は，量子コンピューターの内部で量子状態をいろいろな場所に転送することです．もちろん，そのようなマシンが作られたとすればの話ですが．

参考文献と参考図書

Bennett C. H., Brassard G., and Eckert A. K., "Quantum Cryptography", *Scientific American*, October 1992, p50.

Bennett C. H., Brassard G., Crepeau C., Jozsa R., Peres A., and Wooters W. K., "Teleporting an unknown quantum state via dual classical and Einstein-Podolsky-Rosen channels", *Physical Review Letters* 70 (1993), 1895.

Boschi D., Branca S., De Martini F., Hardy L., and Popescu S., "Experimental realization of teleporting an unknown pure quantum state via dual classical and Einstein-Podolsky-Rosen channels", *Physical Review Letters* 80 (1998), 1121.

Bouwmeester D., Pan J.-W., Mattle K., Eibl M., Weinfurter H., and Zeilinger A., "Experimental quantum teleportation", *Nature* 390 (1997), 575.

Brown J., *The Quest for the Quantum Computer*, Simon and Schuster, 2000.

Lloyd S., *Programming the Universe: A Quantum Computer Scientist's Takes on the Cosmos*, Vintage, 2007.

Marcikic I., de Riedmatten H., Tittel W., Zbinden H., and Gisin N., "Long-distance teleportation of qubits at telecommunication wave length", *Nature* 421 (2003), 509.

Milburn G. J., *Schrödinger's Machines: The Technology Reshaping Everday Life*, W. H. Freeman, 1997.

Milburn G. J., *The Feynman Processor: Quantum Entanglement and the Computing Revolution*, Perseus Books, 1998.

Olmschenk S., Matsukevich D. M., Maunz P., Hayes D., Huan L.-M., and Monroe C., "Quantum teleportation between distant matter qubits", *Science* 323 (2009), 486.

Singh S., *The Code Book: The Science of Secrecy from Ancient Egypt to Quantum Cryptography*, Anchor Books, 2000.

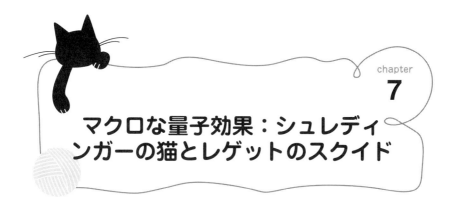

chapter 7 マクロな量子効果:シュレディンガーの猫とレゲットのスクイド

🐾 7.1 巨視的なもの,微視的なもの,そして中間的なもの

　本書で,いくつかのかなり奇妙な現象について話してきました.2重スリットを1回に1個通過する電子による干渉効果,1回に1個ずつ干渉計の2つの経路を通る光子の干渉効果,粒子と波動の検出スキーム間の遅延選択,経路情報の消去と回復,光子を物体に散乱させずに物体を検出する方法,光子のトンネリングでの超光速効果による互いに遠く離れた粒子間に影響を与えるもつれ粒子の能力,そして,量子テレポーテーションなど.

　量子力学の原理から,これらの効果や現象が首尾一貫して説明できることや記述できることを私たちは見てきました.量子力学の核心は,明瞭に異なる量子状態に対する重ね合わせの原理です.重ね合わせ状態を構成する複数の量子状態は,ある物理的な属性に関して,それぞれ確定した値をもっています(ただし,それぞれの値は異なります).しかし,このような量子状態を用いて粒子の新しい状態を作ると,その粒子の属性はもはや客観的に確定せず,非決定的になります.そのため,粒子を測定したときに私たちにわかるのは,特定の値を得る確率だけです.

　量子系の状態ベクトルは,一般に,その系の特定の属性に対する確定値をもった状態ベクトルの重ね合わせで与えられます.そして,この量子系の状態ベクトルは測定によって,その属性の確定値に対応した状態に収縮します.属性の測定値と状態ベクトルの収縮は,本来,確率的です.

　量子世界の不思議さは,原子スケールでのミクロな現象で見られるものだと

第 7 章　マクロな量子効果：シュレディンガーの猫とレゲットのスクイド

考えれば，電子や原子や光子などが示す奇妙な振る舞いを多少は受け入れやすくなるかもしれません．なぜなら，私たちの直観はミクロスケールではあまり当てにならないからです．私たちは直接的にこのような粒子を触ったりしたことも，重ね合わせ状態のマクロな物体に出会ったこともありません．しかし，仮にそのようなことができるとすれば，どのようにしてわかるでしょうか？

シュレディンガーは現代の量子力学の創始者の一人[†23]ですが，アインシュタインと同じように，彼も量子力学の測定に関するコペンハーゲン解釈を受け入れ難いと感じていました．そして，遠く離れた粒子間における EPR タイプの相関を，量子力学で記述できることに疑いをもっていました．1935 年に，EPR 議論に刺激されて，シュレディンガーは量子力学の観測問題をある寓話によって浮き彫りにしました．それは，量子力学とコペンハーゲン解釈を真面目にマクロレベルに使うならば，明らかに奇妙な結論に導く寓話です．

この寓話は**シュレディンガーの猫のパラドックス**として知られているもので，とりわけ，状態ベクトルの収縮問題に関係しています．つまり，収縮はいつどのように起こるのだろうか？　このことはまた，量子的な重ね合わせ状態がマクロな物体，あるいは，少なくともメゾスコピックな物体に起こりうるかもしれないという予想を抱かせます．そしてこれは，このような重ね合わせ状態が日常的な世界ではなぜ観測されないのだろうか，という問いに導くことになります．

さらに，より深い問いは次のようなものです．古典的な世界と量子的な世界の間のどこに境界はあるのだろうか？　重ね合わせ状態を含まない純粋に古典的な記述と，重ね合わせ状態を含む量子的な記述の使い分けは，一体何によって決まるのだろうか？　それは，大きさだけが決めるのだろうか？　もし量子力学がすべての自然現象の基礎であるならば，古典的なものと量子的なものとの間に，本当に，はっきりした境界があるのだろうか？

[†23] シュレディンガーは 1925-26 年に量子力学に対する波動力学的なアプローチを発見しました．これは行列力学的なアプローチを発見したハイゼンベルグとほとんど同じ時期でした（付録 A の「量子力学の歴史」を参照）．2 つのアプローチは等価なものであることがわかりました．

🐾 7.2　量子論の寓話：シュレディンガーの猫

　シュレディンガーは，"非人道的な装置"と自ら称した図 7.1 のような装置を考えました．それは，生きた猫を放射性原子の入った鉄の箱の中にいれた装置です．ガイガー計測器は原子の崩壊を検出します．原子の崩壊によって検出器が作動し，ハンマーが落ち，有毒な青酸ガスが入ったフラスコを壊します．フラスコが割れれば，明らかに，猫は死にます（猫好きの方には謝罪をします）．放射能は確率過程ですから，放射性原子が 1 時間後に崩壊する確率は 50:50 です．そこで，猫と原子と検出器とフラスコを鉄の箱の中に閉じ込めたまま，1 時間過ぎるのを待ちます．箱の中を見ることはできないし，箱は防音されているので，ハンマーが落ちてもフラスコの割れる音は聞こえません．

図 7.1　シュレディンガーの猫のパラドックス．生きた猫と放射性原子が鉄製の防音箱の中に置かれている．放射性原子が 1 時間以内に崩壊する確率は 50:50 である．原子が崩壊すると，ガイガー計測器は原子の崩壊を検出し，その信号によって，ハンマーが落ちる．そして，青酸カリの有毒ガスの入ったフラスコが割れて猫が死ぬ．1 時間後，系（箱の内部）は原子が崩壊せず猫の生きている状態と，原子が崩壊して猫の死んだ状態とを重ね合わせた状態になる．マクロの物体（猫）の状態は，誰かが箱を開けて猫の状態を見るまでは，客観的に不確定である．ドウィット（DeWitt）の"*Quantum mechanics and reality*"（量子力学と現実）*Physics today*（1970 年 2 月）．AIP に掲載を許可されている．

第 7 章　マクロな量子効果：シュレディンガーの猫とレゲットのスクイド

さて，原子と猫が量子力学的に取り扱えるならば，猫と原子で構成された系の 1 時間後の状態は

$$|\psi\rangle = \frac{1}{\sqrt{2}}\Big(|崩壊しない\rangle_{原子}|生きている\rangle_{猫} + |崩壊する\rangle_{原子}|死んでいる\rangle_{猫}\Big)$$

で表現できます．これは，生きている猫と死んでいる猫が，崩壊前と崩壊後の原子ともつれ合った状態で，シュレディンガーによれば「まったくばかげた状況」です．なぜなら，ミクロな原子状態がマクロ的に区別できる猫の状態（生か死）ともつれているからです[†24]．

コペンハーゲン解釈では，1 時間後，原子と猫の状態は客観的に不確定です．そして，もし 1 時間後に箱を覗くならば，猫がまだ生きているのか，もう死んでいるのかをはっきりと知ることになります．つまり，もし生きているならば，原子は崩壊しておらず，死んでいれば崩壊してしまったことを知ります．

しかし，コペンハーゲン解釈によれば，$|崩壊しない\rangle_{原子}|生きている\rangle_{猫}$ 状態か $|崩壊する\rangle_{原子}|死んでいる\rangle_{猫}$ 状態のどちらかに収縮させるのは，猫の状態を観測するという行為です．そして，観測の前は，原子と猫の系の条件（生きた猫と崩壊していない原子，死んだ猫と崩壊した原子）は客観的に不確定です．おそらく，みなさんはこれまでの話から，ミクロな粒子が客観的に属性を確定しないままの状態にある，という概念に多少慣れてきたでしょう．原子のようなミクロな粒子と，マクロ的に区別できる（生か死）状態の不幸な猫のようなマクロな物体が，もつれ状態を作るという考え方は，本質的にミクロな世界での量子現象を単純にマクロな世界に拡張したものです．もし量子力学を正しい理論として受け入れるならば，マクロな物体でもマクロな**オブザーバブル**（observable）[¶74] に関して客観的に不確定な性質をもちうることを受け入れなければなりません．つまり，**猫は生きているのか死んでいるのか？**

マクロな物体が不確定な状態でありえるという考えは，明らかにばかげている

[†24] 生きているか死んでいるかがマクロに区別できない状態があるかもしれないという可能性を，ここでは考えていません．ただし，そのような例を考えることはできます．例えば，ドロシー・パーカー（Dorothy Parker 米国の作家，詩人）が C. クーリッジ（Calvin Coolidge 第 30 代アメリカ合衆国大統領）の死を聞いたとき，「どのように彼らは話すことができますか？」と尋ねたことを思い出してください．

[¶74] （訳注）観測（測定）により決定できる系の状態の性質で，例えば，位置，運動量，角運動量，エネルギーなどの物理量に相当します．**可観測量**や**観測可能量**とよぶこともあります．

7.2 量子論の寓話：シュレディンガーの猫

でしょう．これがこの寓話のポイントです．シュレディンガーの猫のパラドックスは，コペンハーゲン解釈で要求される，量子世界と古典世界の間の境界の場所を決めるという問題を浮き彫りにしています．そして，その境界が明確ではないことを強く印象づけています．

測定によって状態ベクトルが収縮するという概念は，量子力学の数学的枠組みでは記述できません．擾乱を受けていない系に対して，その量子状態はスタンダードな量子力学に従って時間とともに滑らかに発展します[¶75]．しかし，オブザーバブルの測定で状態ベクトルが収縮することは，外部の測定装置による擾乱を含みます．そして，その擾乱は突然であることが仮定されています．つまり，急激な不連続性です．しかし，シュレディンガー方程式はそのような変化を記述できません．したがって，状態ベクトルの収縮は本質的に追加的要請なのです．それでは，一体この収縮はどこで，いつ起こるのでしょうか？

この問題の難しさを見るために，シュレディンガーの猫を使って，状態ベクトルの収縮がどのようにして起こるのかを考えてみましょう．まずは，ガイガー計測器の量子状態を考慮しなければならないでしょうから，原子と猫の間にガイガー計測器の項が入って，状態ベクトルは

$$|\psi\rangle = \frac{1}{\sqrt{2}}\Big(|崩壊しない\rangle_{原子}|作動しない\rangle_{計測器}|生きている\rangle_{猫}$$
$$+ |崩壊する\rangle_{原子}|作動する\rangle_{計測器}|死んでいる\rangle_{猫}\Big)$$

となるはずです．この論法に従えば，次にハンマーの量子状態を状態ベクトルに入れなければなりません．つまり，ハンマーが落ちない状態と落ちる状態です．そのため，状態ベクトルは

$$|\psi\rangle = \frac{1}{\sqrt{2}}\Big(|崩壊しない\rangle_{原子}|作動しない\rangle_{計測器}|落ちない\rangle_{ハンマー}|生きている\rangle_{猫}$$
$$+ |崩壊する\rangle_{原子}|作動する\rangle_{計測器}|落ちる\rangle_{ハンマー}|死んでいる\rangle_{猫}\Big)$$

となります．この論法を続けると，たとえば，フラスコの状態も割れたか割れないかなどと，つけ加え続けなければなりません．明らかに，この段階で，物

[¶75] (訳注) つまり，系の時間発展はシュレディンガー方程式で記述されるという意味です．

第7章　マクロな量子効果：シュレディンガーの猫とレゲットのスクイド

事は現実離れしたものになりだします．事実，この論法を続けていけば，無限の回帰(繰り返し)になります．いわゆる**フォン・ノイマン**（von Neumann）**の無限回帰カタストロフィー**です．

なぜ，カタストロフィーか？　このシナリオに従えば，どの段階になっても測定が終わらないからです．そのため，状態ベクトルは決して収縮しません．シュレディンガーの猫のパラドックスは，状態ベクトルが，どのようにして，どこで（あるいは，いつ）収縮するのかという問題に直面させます．誰かが箱を覗いて猫が死んでいるか生きているかを見たときに，収縮は起こるのでしょうか？　あるいは，フラスコが割れたときか割れなかったときか？　ハンマーが落ちたときか落ちないときか？　信号が切れたときか切れないときか？　ガイガー計測器が放射性崩壊を検出したときか，検出しないときか？

巡りめぐって，量子世界と古典世界の間の境界はどこなのか？という問いに行き着きます．これが，猫のパラドックスがもたらした最も重要な問題なのです．

この問題を解く1つの試みはウィグナー（Wigner）[25] によって提唱されました．それは，少なくとも測定問題に関して，意識のない検出器よりも，**意識が量子力学において重要な役割を果たしている**というアイデアです．ウィグナーの考えでは，状態ベクトルは最初に遭遇した意識との相互作用によって収縮します．実際には，それは人間の意識である必要はありません．猫も意識をもった動物ですから，猫が状態ベクトルを収縮させることになるでしょう．

ウィグナーは，実は，猫を観測者の友人に置き換えることを提案しました．つまり，箱の中を調べる友人に置き換えるのです．友人は（ガスマスクをしているから）死ぬことはありませんが，放射性原子が1時間以内に崩壊するか否かを見ることができます．そのとき，友人が波動関数の収縮を起こすのか，あるいは，友人が原子ともつれだすのか，を観測者は決めなければなりません．そして，原子と友人のもつれ状態の収縮が，観測者自身によって引き起こされるものであるのかを決めなければなりません．しかし，観測者だけが収縮を引き起こし，友人には収縮を引き起こせないという考え方は極端に自己中心的です．

---

[25] ウィグナー（1902-1995）はハンガリーの物理学者で1937年に米国に移住してプリンストン大学に勤めました．彼は量子力学に多大な貢献をしました．特に，対称性に関する仕事は1963年にノーベル賞受賞の対象になりました．

7.2 量子論の寓話：シュレディンガーの猫

そのため，意識そのものが究極的に量子状態の収縮をもたらす原因であると，ウィグナーは考えるようになりました．

しかしながら，コペンハーゲン解釈によれば，収縮は**ミクロ**な粒子が**マクロ**な検出器（これはシグナルをマクロで古典的な世界に**不可逆的**に増幅するものです）と相互作用するときに生じる，と仮定されています．マクロな検出器が収縮をもたらすという要請は，量子力学のコペンハーゲン解釈において本質的な要素です．そこには，人間や猫の心などは含まれていません．

これに対して，量子力学はマクロなスケールの系に正しく適用することはできないと，シュレディンガーは考えました．そして，その疑問を第 5 章で話した EPR シナリオのような遠く離れてエンタングルしている**ミクロ粒子**の場合にまで広げました．

検出器での非可逆的な増幅の例として，前の章で単一光子を検出した実験を思い出しましょう．光子検出器は光電管で，単一光子が金属表面から 1 個の電子を放出（光電効果）し，その電子は電場によって加速されて他の金属表面に衝突します．そして，カスケード過程によって次々に，たくさんの電子が生成されます．その結果，マクロスケールでの電流パルスとして，光子が間接的に検出されます．したがって，単一光子の検出は元の信号の増幅を含んでいます．同じことは，猫のパラドックスにおける単一放射性原子の崩壊の検出の場合にも起こります．つまり，はじめにシグナルがあれば，ガイガー計測器はそれを増幅し，コペンハーゲン解釈に従って，状態ベクトルの収縮を引き起こします．

ここでのキーポイントは，検出器による増幅が情報を古典世界にもたらすこと，そして，これが非可逆的になされることです．つまり，その情報を量子世界に戻すことはできません．そのとき，状態ベクトルは本質的に古典的な実験装置によって検出されることになります．これが，シュレディンガーの猫のパラドックスに対するコペンハーゲン解釈による答えです．そして，この考え方を拡張すれば，すべてのスケールでの量子力学的な測定に対する答えになります．そのため，原子崩壊の初期シグナルが，さまざまな古典的な測定装置で増幅され始めたときに，もし収縮が起きなければ，どのように測定を行っても何の結論も得られないというだけです．

量子力学の重ね合わせ状態は，曖昧さを表していることを思い出してくださ

第7章　マクロな量子効果：シュレディンガーの猫とレゲットのスクイド

い．つまり，確定した情報の消失です．シュレディンガーの猫の場合，原子崩壊の情報が古典的な検出器（増幅器を含む）を通して古典的な世界にもたらされたとき，その曖昧さは消えてすべてが完結します．

偶然ですが，シュレディンガーの猫に非常に似た現象がずっと以前に知られており，実際に実験も 1922 年に行われていました．この実験は量子力学が確立する前になされたもので，**シュテルン−ゲルラッハ**（Stern-Gerlach）**の実験**といいます．この実験は，銀元素の原子のビームと，銀原子に付随した電子の中のたった 1 個のスピンに関係しています．

電子のスピンは，量子力学的な概念の 1 つです．実際，電子は，あたかも，その電荷がスピン軸の周りで回転しているように振る舞います．その回転によって，ちょうど，簡単な棒磁石で生成される磁場に似た形の小さな磁場が発生します．ここで「振る舞う」といったのは，大きさのない物体の回転を想像するのが難しいからですが，とにかく電子のスピンは磁場の生成に直結しています．さらに，電子が広い一様な外部磁場の中にあれば，電子はただ 2 つのスピンの向きをもちます．1 つは磁場の向きに平行なもので，それをスピンアップ状態（上向きのスピン状態）とよび $|\uparrow\rangle$ で表します．もう 1 つは，磁場の向きに反平行なものでスピンダウン（下向きのスピン状態）状態とよび $|\downarrow\rangle$ で表します．銀原子は 47 個の電子をもっています．もちろんペアになった逆向きスピンは 23 ペアあり，それらのスピンは互いに打ち消しあいます．そのため，残った 1 個の電子が原子全体のスピンを担うことになります．

さて，銀原子が一様な磁場の中にあるとすれば，銀原子は力を受けません．しかし，磁場が不均一であれば，銀原子はペアになっていない 1 個の電子のスピンの向きに依存した力を受けます．実際，図 7.2 に示すように，不均一な磁場を通る銀原子のビームが識別可能な **2 つだけのビーム**に分かれることを，シュテルンとゲルラッハは見つけました．原子の広く連続した広がりの代わりに，2 つのビームだけが現れるいう事実は，今日では電子スピンの量子的性質の結果であることがわかっています．

したがって，原子ビームがシュテルン−ゲルラッハ装置を通ることにより，原子ビームがかなり大きなスケールで分離（数センチメートル）されていることになります．ビーム内の 1 個 1 個の原子は，i) 電子のスピンが $|\uparrow\rangle$ か $|\downarrow\rangle$，そ

7.3 生きている猫と死んでいる猫の干渉:レゲットのスクイド

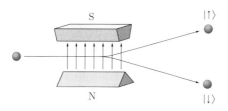

図 7.2 シュテルン–ゲルラッハ実験のスケッチ.不均一な磁場の磁極を銀原子のビームが通る.1個の電子のスピンが磁場に対して上向きのスピン状態 $|\uparrow\rangle$ か下向きのスピン状態 $|\downarrow\rangle$ かによって,ビームは異なる方向に曲がっていく.

して ii) 原子全体の運動方向が $|$ 上側のビーム $\rangle$ か $|$ 下側のビーム $\rangle$ によって特徴付けられます.このため,シュテルン–ゲルラッハ装置を通る1原子の状態は

$$|\psi\rangle = \frac{1}{\sqrt{2}}\left(\,|\uparrow\rangle\,|\,\text{上側のビーム}\,\rangle + |\downarrow\rangle\,|\,\text{下側のビーム}\,\rangle\,\right)$$

となります.これは,シュレディンガーの猫状態の形と厳密に同じです.なるほど,原子自体はマクロなものではありませんが,2つのビームはマクロ的なスケールで分離しています.つまり,これらはマクロ的に識別可能であり,しかも原子内にある1個の電子の内部スピン状態に関係しています.この意味において,シュレディンガーの猫が実現しています.そして,原子が集まるスクリーンは,この実験の検出器の役目をします.明らかに,銀原子は猫のように複雑ではありません.おそらく,シュテルン–ゲルラッハ実験で生成される状態は,シュレディンガーの子猫と見なせるでしょう.

🐾 7.3 生きている猫と死んでいる猫の干渉:レゲットのスクイド

シュレディンガーの猫パラドックスはパラドックスです(少なくとも,そのように見えます).なぜならば,マクロな物体の状態がかなり複雑だからです.つまり,マクロな猫がミクロな物体(放射性原子)の状態ともつれているからです.エンタングルメントが本質的な点です.そして,事実シュレディンガーがこの言葉を最初に使いました.彼はエンタングルメントが量子力学の本質で

第7章 マクロな量子効果：シュレディンガーの猫とレゲットのスクイド

あると考えました．すでに見てきたように，エンタングルメントは EPR 議論，ベルの定理，GHZ 状態，そして量子テレポーテーションなどで本質的な役割を果たしました．

シュレディンガーの猫状態はいろいろなエンタングルメントを含むので，$|\text{生きている}\rangle_\text{猫}$と$|\text{死んでいる}\rangle_\text{猫}$の状態は互いに干渉しません．しかし，これらの直接的な干渉が可能になる

$$|\alpha\rangle = \frac{1}{\sqrt{2}}\Big(|\text{生きている}\rangle_\text{猫} + |\text{死んでいる}\rangle_\text{猫}\Big)$$

という形の重ね合わせ状態を作る可能性について，最近，かなり議論がなされてきました．ただし，猫のような複雑な物体が，少なくともある程度の実用的な時間，このような形の重ね合わせ状態で実現できると予想されているわけではありません．

しかし，それほど複雑でない系であれば，実現できるかもしれません．それは，生きている猫と死んでいる猫の代役をするような系で，マクロ的に，あるいは少なくともメゾスコピック的に区別できる量子状態をもった系です．シュレディンガーによるオリジナルの議論とは少し異なってはいますが，生きている猫と死んでいる猫の重ね合わせ状態は**シュレディンガーの猫状態**として知られるようになってきました．それにもかかわらず，このような状態は「まったくばかげています」．というのは，マクロな物体の状態が客観的に不確定であることを意味するからです．これは，すべての経験に反しています．

重ね合わせ状態に出会ったとき，現実の系は重ね合わせ状態のどちらか一方の状態だけであり，どちらであるかは実験が明らかにする，というようなことで簡単に説明するのが常套手段です．これは，第 2 章で述べたような 2 重スリット装置を通る電子のようなミクロ状態の重ね合わせ状態であっても，生きている猫と死んでいる猫の重ね合わせ状態であっても同じです．確かに，シュレディンガーの猫状態$|\alpha\rangle$の場合には，この説明はものすごく奇異というほどではないかもしれません．しかし，量子的な重ね合わせの要点は，干渉効果を説明することです．言い換えると，それは，重ね合わされている系の状態（ここでは生きている猫と死んでいる猫の状態）が，客観的に不確定であることを示すことになります．したがって，もし$|\alpha\rangle$のような状態がとにかく生成されうるな

7.3 生きている猫と死んでいる猫の干渉:レゲットのスクイド

らば,生きている猫と死んでいる猫の間の干渉が可能になります.生きている猫状態と死んでいる猫状態が互いに干渉するというアイデアは,本当に**奇妙な**ものです.

1984 年,レゲット(この人物は物性物理の理論的な仕事で,2003 年度のノーベル賞を受賞しています)は**ジョセフソン接合**を含む超伝導システムでシュレディンガーの猫状態を生成する可能性を論じました.超伝導は温度をある臨界温度以下に下げたとき,ある種の物質,例えば,水銀などで起こる現象で,電流が抵抗を受けずに流れ続けます(この電流を**超電流**といいます).銅のような通常の導体ではできない芸当です.超伝導は本質的に量子力学的な現象なので,その説明はここでは行いません.

一般に,超伝導は本書で関心のある「量子性」,つまり量子コヒーレント効果を示しません.しかし,これから話す実験自体は量子コヒーレント効果が現れる「特別な超伝導状態です」.超伝導の電流はマクロ的で大きいから(そのため,ほとんどの MRI 装置の強磁場を生成するために使われています),電流自体には,これまでに述べてきたような量子力学的な性質を示すものは何もありません.でも,**超伝導量子干渉素子**(superconducting quantum interference device)あるいは**スクイド**(SQUID)という素子があります.これは,ある種の条件下で操作すると,かなり大きなスケールでコヒーレントな量子効果が現

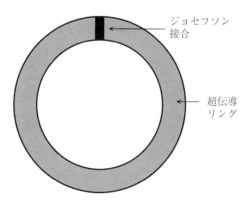

図 7.3 ジョセフソン接合を含む超伝導リングのスケッチ.
ジョセフソン接合は絶縁体の薄い層からできている.

れる素子です．スクイドは，図 7.3 のように，ジョセフソン接合がはさまっている超伝導リングです．

　ジョセフソン接合は，リングを中断して超電流にエネルギーバリヤを与える絶縁体の薄い部分です．ジョセフソン接合は，リングを流れる電流を止めないで，電流は絶縁体のエネルギーバリヤを量子力学的にトンネリングします．リングの一方向に流れる電流が，例えば時計回りに流れていれば，手前から紙面に向かう磁場が図 7.4(a) のように，リングの中心に生じます（どのような電流でも磁場を作ります）．もし電流が図 7.4(b) のように反時計回りに流れるならば，磁場は紙面から手前に飛び出す向きです．精度の高い磁場計を使えば，磁場の大きさと向きは測定できます．磁場の向きから，超電流の流れる向きがわかります．超電流は，ペアになった電子の流れから構成されています．そして，この電流は莫大な数の電子ペアを含むマクロスコピックな実体です．もしリングが連続であれば，磁場はトラップされたままで絶対に変化しません．つまり，磁場は超伝導体を貫通できません．これが**マイスナー効果**です．しかし，絶縁体にはジョセフソン接合の薄い層があるため，磁場は量子力学的に**トンネリング**して急速に向きの逆転を起こすことができます．もし，どうにかして，リングに逆向きに流れる超電流の重ね合わせ状態を誘導できるならば，そのときには，リングの中心に反対向きの磁場の重ね合わせ状態が存在することになるでしょう．これは，磁場がリングの中心でゼロになることを**意味してはいません**．なぜならば，超電流の状態は

$$|\alpha\rangle_{超電流} = \frac{1}{\sqrt{2}}\Big(\,|\,時計回りの電流\,\rangle_{超電流} + |\,反時計回りの電流\,\rangle_{超電流} \,\Big)$$

であるため，電流の向き自体は客観的に不確定だからです．そのため，リングを通る磁場も不確定です．リングの磁場を測定しても決してゼロにはならず，ある測定に対して，磁場は特定の向きに検出されるでしょう．そして，別の測定に対して，これとは逆向きの磁場が検出されるかもしれません．つまり，2 つの結果は，状態 $|\alpha\rangle_{超電流}$ が $|\,時計回りの電流\,\rangle_{超電流}$ か $|\,反時計回りの電流\,\rangle_{超電流}$ のどちらかへの収縮に対応します．このような結末は，猫の生か死の状態に対応しています（このレベルで，装置は無機物だけを含むので，意識の問題とは無関係であることに注意しましょう）．

7.3 生きている猫と死んでいる猫の干渉：レゲットのスクイド

時計回りの電流

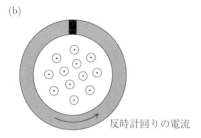

反時計回りの電流

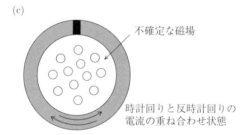

不確定な磁場

時計回りと反時計回りの
電流の重ね合わせ状態

図 7.4　ジョセフソン接合を含む超伝導リング内の電流と磁場．(a) 時計回りの電流に対して，リングに囲まれた面を通る磁場は，手前から紙面に向かう向きで，$\otimes$ という記号で示す．(b) 反時計回りの電流に対して，磁場は紙面から手前に飛び出す向きで，$\odot$ という記号で示す．(c) もし超伝導体の電流が時計回りと反時計回りの電流の重ね合わせ状態であれば，そのときリング内の磁場の向きは不確定になる．その状態を $\bigcirc$ という記号で示す．

しかし，実験では統計的な混合状態と重ね合わせ状態の区別が必要になります．混合状態は本質的に古典的な現象ですが，重ね合わせ状態は完全にマクロ的な量子コヒーレンスを示す現象です．このため，両者の区別はできます．な

第7章　マクロな量子効果：シュレディンガーの猫とレゲットのスクイド

ぜなら，統計的な混合の場合，磁場の向きに対する確率は一定のままで，時間的に変化することはありません．一方，重ね合わせ状態の場合は，磁場の向きの確率が時間とともに周期的に滑らかに変化するからです．

実際には，超電流状態には **2** つの可能な重ね合わせ状態があります．1 つは，上述の $|\alpha\rangle_{超電流}$ 状態で，時計回りと反時計回りの状態が互いに足しあわされたものです．もう 1 つの状態は，これらの引き算で

$$|\beta\rangle_{超電流} = \frac{1}{\sqrt{2}} \Big(\,|\,時計回りの電流\,\rangle_{超電流} - |\,反時計回りの電流\,\rangle_{超電流} \Big)$$

です．ただし，状態 $|\alpha\rangle_{超電流}$ と $|\beta\rangle_{超電流}$ のエネルギーは異なっています．もし，リングの電流がはじめに，例えば，時計回りであれば，そのときには $|\alpha\rangle_{超電流}$ と $|\beta\rangle_{超電流}$ を加えることにより，時計回りの電流状態はまさに

$$|\,時計回りの電流\,\rangle_{超電流} = \frac{1}{\sqrt{2}} \Big(\,|\alpha\rangle_{超電流} + |\beta\rangle_{超電流} \Big)$$

という重ね合わせ状態であることがわかります．時間とともに，$|\alpha\rangle_{超電流}$ と $|\beta\rangle_{超電流}$ の異なるエネルギーのために，リングを流れる時計回りの電流と反時計回りの電流の間に滑らかで連続的な振動が起こります．そして，その振動の割合はエネルギー差に依存しています．この振動が起こるのは，リングを流れる超電流のマクロ的に区別できる 2 つの状態の間の完全な量子的コヒーレンスのためです．ここで重要なポイントは，超電流の向きが確実に時計回りの状態か確実に反時計回りの状態になるとき，その状態を移り変わる時間内では，電流の向きが客観的に不確定になっていることです．

この効果は 2000 年に，2 つのグループによって実験室で観測されました[†26]．1 つはストニーブルックのニューヨーク州立大学（フリードマン（Friedman）たち）で，もう 1 つはオランダのデルフト工科大学（ファンデルバール（van der Wal）たち）です．リングの電流は，約 10 億個（10^9）の電子で構成されています．これらは本当に電流をマクロな量にします．

したがって，注意深く制御された条件下では，シュレディンガーの猫はパラ

[†26] これらの研究はカリフォルニア大学バークレイ校でジョン・クラークたちによる重要な仕事（この章の文献を参照）をヒントにしています．ジョン・クラークたちは 1988 年にジョセフソン接合をマクロ的に量子トンネリングする現象を見つけました．

ドックスでも何でもありません．要するに，これは**現象**です．本当は，自然界にパラドックスなどは存在しないのです．

🐾 7.4　デコヒーレンスと境界：なぜ "猫" はいない？

前節で述べた実験は，かなり大きなスケールで量子的な干渉効果を実証しています．このため，次のような疑問がわいてきます．なぜ，このような重ね合わせ状態の効果が日常世界で見られないのだろうか？　この問い，そして，これに対する答えこそ，まさに量子世界と古典世界の間の境界に関する問題の核心です．

重ね合わせ状態は，原子や電子や光子などを使った実験で生成されます．しかし，もちろん，原子や電子や光子はミクロ世界のものです．つまり，私たちが普通，量子的な世界だと考える領域です．そこは，いままで説明してきたように，日常的な考え方が通じない世界です．ここまでの章で話してきた実験は，ほとんどすべてミクロ世界だけのものでした．

もっとマクロな物体にまで話を広げると，これまで述べてきた重ね合わせ状態を作るのが困難になります．なぜでしょう？　その答えは，量子系が周囲の世界から受ける，避けがたい相互作用に関係しています．量子系を直接取り囲む周りの世界のことを**環境**とよびます．どのような量子系も完全に環境から切り離すことはできません．もちろん，環境の影響を最小限に抑えられる場合はあります．小さな系の場合は，環境効果を実験のタイムスケールに比べて完全に無視することができます．

しかし，大きなスケールの系に対しては，例えば，スクイドでの干渉する猫状態の場合，環境は短い時間で重ね合わせ状態の量子コヒーレンスを壊します．超電流の重ね合わせ状態における量子コヒーレンスは，そのような実験では短い時間だけしか維持されません．量子コヒーレンスの破壊は**デコヒーレンス**として知られています．

環境効果によるデコヒーレンスの概念は，ズレック（Zurek）（ロスアラモス国立研究所）と他の多くの人たちによって1970年代に，量子力学に導入されました．そして，1980年代に発展しました．デコヒーレンスの名前が意味するよ

第7章　マクロな量子効果：シュレディンガーの猫とレゲットのスクイド

うに，量子コヒーレンスは消失します．デコヒーレンスが生じる理由は，対象とする系とその環境が相互作用して，両者（系とその環境）が一般にエンタングルする（もつれる）ためです．しかし，環境は莫大な大きさの系なので，詳細に調べることは不可能です．

デコヒーレンスの意味を理解するために，スクイドの電流状態が $|\alpha\rangle_{超電流}$ 状態で準備され，そのときの環境が $|\Phi_0\rangle_{環境}$ 状態であると仮定しましょう．この場合，2つの系（超電流状態と環境）の結合した状態は

$$|\alpha\rangle_{超電流}|\Phi_0\rangle_{環境} = \frac{1}{\sqrt{2}}\Big(|時計回りの電流\rangle_{超電流}+|反時計回りの電流\rangle_{超電流}\Big)|\Phi_0\rangle_{環境}$$

のように表せます．しかし，超電流状態と環境状態の積状態なので，これらの状態はエンタングルしていません．ただし，ここで注意してほしいのは，超電流状態自体は時計回りの超電流と反時計回りの超電流との重ね合わせ状態だということです．そのため，超電流の2つの状態の間には量子コヒーレンス[76]が存在して，超電流の流れの向きを客観的に不確定にします．

しかし，少し時間が経つと，2つの系の間の相互作用によって

$$\frac{1}{\sqrt{2}}\Big(|時計回りの電流\rangle_{超電流}|\Phi_{CW}\rangle_{環境}+|反時計回りの電流\rangle_{超電流}|\Phi_{CCW}\rangle_{環境}\Big)$$

という状態に変わります．ここで，$|\Phi_{CW}\rangle_{環境}$ は時計回り（CW）の超電流と相関している環境状態を表します．同様に，$|\Phi_{CCW}\rangle_{環境}$ は反時計回り（CCW）の超電流と相関している環境状態を表します．上の式のように，超電流と環境の結合した系は，コヒーレントな量子的重ね合わせ状態（つまり，エンタングル状態）になっています．ただしこのとき，2つの超電流状態（$|時計回りの電流\rangle_{超電流}$ と $|反時計回りの電流\rangle_{超電流}$）の間には，量子コヒーレンスはもう存在しません．なぜなら，環境状態との相関によって超電流の流れる方向に関する不確定さが消えたからです．つまり，超電流の流れの向きの情報が，マクロ的な世界で潜在的に利用できるようになったからです．

この状況は，第2章で述べた2重スリット実験の場合に似ています．そこで

---

[76] （訳注）量子論で「コヒーレンス」という用語は，波動関数が複数の項（ここでは $|時計回りの電流\rangle_{超電流}$ と $|反時計回りの電流\rangle_{超電流}$）の和になっていることを意味します．要するに，量子コヒーレンスは干渉効果をもたらします．

7.4 デコヒーレンスと境界：なぜ"猫"はいない？

見たように，スリットを通る電子の経路を決定しようとする試みは，必ず量子コヒーレンスを壊す（つまり，干渉を壊す）効果を伴います．しかし，4.5節で説明したゾウ，ワーン，マンデルの「奇抜な実験：光子を別の光子で制御」のように，経路情報の潜在的な利用可能性があるだけで量子コヒーレンスを壊すことができます．この潜在的な利用可能性が，まさにいま考察しているケースにあたります．このケースでは，環境の測定は実質的に不可能なので，環境状態を完全に無視します．いずれにしても，超伝導リング内の量子コヒーレンスが消失するために，最終的に超電流の流れの向きは統計的な混合状態になります．要するに，デコヒーレンスは（2つのマクロ的に区別できる超電流の重ね合わせ状態として与えられている）初期状態を量子コヒーレンスのない古典系に変えます．図式的には書けば

$$|\alpha\rangle_{超電流} = \frac{1}{\sqrt{2}}\Big(\,|\,時計回りの電流\,\rangle_{超電流} + |\,反時計回りの電流\,\rangle_{超電流}\,\Big)$$

$$\xrightarrow{デコヒーレンス} \rho_{混合} = \begin{cases} \frac{1}{2} & (時計回りの電流のとき) \\ \frac{1}{2} & (反時計回りの電流のとき) \end{cases}$$

です．ここで，1/2はそれぞれの電流の向きをもつ系の確率です（第2章で混合状態の概念を導入しています）．上に与えた表現は，デコヒーレンスの理論（これは含まれてはいますが）の正確な記述を意図したわけではなく，その雰囲気を伝えようとしているだけです．つまり，適当に単純化したデコヒーレンスのモデルです．

デコヒーレンスする速さは，対象となる系のサイズが大きいほど速くなります．なぜなら，系がより大きくより複雑になればなるほど，系を環境から隔離するのが難しくなるからです．したがって，シュレディンガーの猫状態が日常的な世界で見られないのは，たとえそれがどうにかして作られたとしても，その状態がほとんど瞬時にデコヒーレントするからです．要するに，本物の猫と放射性原子を使って，シュレディンガーが示唆したような状態を作ろうとしても，環境との避けがたい相互作用によって，量子コヒーレンスがほとんど瞬時に消失するのです．そのため，マクロ世界では，シュレディンガーの猫は客観的に死んでいるか，あるいは，客観的に生きているかのどちらかだけになって

第 7 章　マクロな量子効果：シュレディンガーの猫とレゲットのスクイド

しまうのです．

　量子コヒーレンスは，少なくとも原理的には，マクロな系において，スクイドの実験のように，その系が環境の効果から隔離されうる程度までは保持できます．この意味において，量子と古典との境界は動かすことができます．キーポイントは対象にしている系を環境（**宇宙の残り**ともいいます）から分離することです．そして，このような分離を実現させうるかは，実験者の手腕にすべてかかっています．これは，系のサイズが大きくなるほど自由度が増えるので，難しくなります．

　この一連の考えを論理的に拡張すると，実際には，量子世界と古典世界の境界などは存在しないという考えに導かれます．それでは，もし量子力学がすべての現象の基礎であるとすれば，なぜ境界があるのでしょうか？

　量子系がその環境と相互作用するとき，系と環境はエンタングルし始めます（もつれだします）．環境は"宇宙の残り"なので，調べようとしている系よりも非常に多くの自由度をもっています．もし実験者がある 1 つの量子系だけを調べて，環境と相互作用したあとに，環境を完全に無視すれば，この系は古典的に振る舞います．つまり，エンタングルメント自体は系（または環境）の異なる状態間での量子干渉（または干渉に導く量子コヒーレンス）を抑えます．そのため皮肉ではありますが，（反対向きに流れるように準備された超電流の）重ね合わせ状態の量子コヒーレンスは，エンタングルメントという別の量子現象のために消失してしまうのです．

　第 5 章で引用したペーターソンに対するボーアの手紙（量子的な世界などありません．…）は，正確には逆さまなのです．つまり，現実には，**古典的な世界はどこにもないのです**．基本的には，世界は量子力学的な世界なのです．そして，マクロな世界が古典的に見えるのは，多数の粒子と大きな自由度を含む量子エンタングルメントのためです．量子的な重ね合わせ状態が統計的な混合状態にデコヒーレンスしていくのは，エンタングルメントが増えるためです．

　混合は，要するに，環境を構築している粒子状態とのミクロな量子力学的相互作用から生じ，その混合がエンタングルメントに導きます．そして，このエンタングルメントから古典的な世界が出現するのです．それでも，基本的なレベルで世界は，本来，確率的で量子力学的です．皮肉にも，日常的な古典世界

は，量子的なエンタングルメントから生まれているのです．

参考文献と参考図書

Clark J., Cleland A. N., Devoret M., Esteve D., and Martinis J. M., "Quantum mechanics of macroscopic variable: The phase difference of Josephson junction", *Science* 239 (1988), 992.

Friedman J. R., Patel V., Tolpygo S. K., and Lukens J. E., "Quantum superposition of distinct macroscopic states", *Nature* 406 (2000), 43.

Giulini D., Joos E., Kiefer C., Kupsch J., Stamatescu I.-O., and Zeh H.-D., *Decoherence and the Appearance of Classical in Quantum Theory*, Springer-Verlag, 2003.

Leggett A. J., "Schrödinger's cat and her laboratory cousins", *Contemporary Physics* 25 (1984), 583.

Schrödinger E., "The present situation in quantum mechanics", published in *Naturwissenschaften* in 1935, republished in J. A. Wheeler and W. H. Zurek (eds.), *Quantum Theory and Measurement*, Princeton University Press, 1983.

van der Wal C. H., ter Haar A. C. J., Wilhelm F. K., Schouten R. N., Harmans C. J. P. M., Orlando T. P., Lloyd S., and Mooij J. E., "Quantum superpositions of macroscopic persistent current states", *Science* 290 (2000), 773.

Zeh H.-D., "On the interpretation of measurements in quantum mechanics", *Foundations of Physics* 1 (1970), 69.

Zeh H.-D., "Decoherence and the transition from the quantum to the classical", *Physics Today* 44 (1991), 36.

chapter 8

量子哲学

> 量子力学の十分な哲学的解釈がこれほど遅れたのは，明らかに，ニールスボーアがそのような仕事は終わった，と 50 年前に全世代の物理学者を洗脳したためです．
>
> ゲルマン（Murray Gell-Mann）（ノーベル賞受賞スピーチ，1976）

😺 8.1　量子力学の還元？

　これまでの章において，日常世界で理解できるような表現で説明するのが困難な実験を，いくつか選んで，量子世界の奇妙さを実証してきました．量子力学は，そのような実験で明らかにされるような量子世界の本質を反映しています．現れる描像は，量子世界が，本来，確率的で，非実在的であること，そして非局所的であるというものです．量子世界が私たちの常識と必ずしも一致しないことは，重要ではありません．なぜなら，私たちはその世界を直接的に経験できないからです．それに，常識の概念というものは，私たちの住む古典世界によって条件付けられているからです．しかし，その解釈に関しては，問うべき論理的な問題がまだ残っています．

　現代科学のほとんどの歴史は，**還元主義**の考え方を適用する歴史です．つまり，どんなに複雑なものでも，それを部分に分けていけば，もっと簡単な相互作用に還元できて，それを理解できるという考え方です．これは，実在のすべての階層がより下位の階層の簡単な法則によって説明できる，という考え方です．言い換えれば，大きなものは小さなもので説明できるという考え方で，構造とプロセスのスケールを減少させて下方に向かってスパイラルしていきます．

　物体の性質は，それを構成している分子の性質で決まります．一方，分子の

性質は，それを構成している原子の性質や構成原子間にはたらく相互作用の性質で決まります．つまり，化学結合で決まります．そして，この化学結合自身が量子現象なのです．もちろん，原子の性質は，量子力学の法則と，原子を構成している電子や原子核などの粒子の量子的な性質で決まります．電子は下部構造をもっていませんが，原子核はもっています．これは中性子と陽子から成り立っています．そして陽子と中性子は，クォークというもっと基本的な粒子から作られています．このような粒子のすべての性質と相互作用は，量子力学で記述されています．現在，クォークがより下部の粒子に還元できるかはわかっていません．

おそらく，現代科学と還元主義を同等と見なすべきではありませんが，還元主義者のアプローチが，現代の科学的活動の圧倒的な成功に間違いなく導いたということは正しいでしょう．しかし，還元主義者のアプローチを非難する人たちもいます．ただし，整合性をもった代わりのアイデアを提唱するわけではありませんが．数年前に，ニューヨークタイムズに，ある本のレビューが載っていました．レビューを書いたのは科学者ではありませんが，「還元主義はときどき科学において乱用されている」と，まるで還元主義が単なる文語体の選択であるかのようなコメントをしていました．ここでは，還元主義や反還元主義論争に関わるつもりはありませんが，還元主義の熱烈な擁護のために書かれた，オックスフォード大学の化学者アトキンス（Atkins）のエッセイ"*The limitless power of science*（科学の限りない力）"を推薦しておきます[†27]．

さて，量子力学自身は還元できるでしょうか？　量子的な世界の奇妙さが，より深く，より基本的な理論で説明できるでしょうか？　観測問題はそのような理論で理解できるでしょうか？

量子力学の確率的な性質は，50:50 ビームスプリッターに入射する単一光子によって起こされる現象によって十分に実証されてきました．入射する光子の 50% は反射され，残りの 50% は透過するチャンスがあります．しかし，スタン

[†27] "*Nature's Imagination: the Frontiers of Scientific Vision*（自然のイマジネーション：科学的ビジョンの最前線）"（オックスフォード大学出版，1995）の中にあります．ワインバーグとファインマンによる"*Elementary particles and the Laws of Physics: The 1986 Dirac Memorial Lectures*（素粒子と物理法則：1986 年ディラックの記念講演）"（ケンブリッジ大学出版，ケンブリッジ，1987）の中のワインバーグも参照してください．

8.1 量子力学の還元？

ダードな量子力学によれば，ある**与えられた**光子の軌跡を予言することはできません．光子のとる経路は確率的，つまり，客観的に不確定です．

もちろん，より基礎的な理論の1つの可能性は，局所的に隠れた変数理論です．これは**量子力学を完全にする**ために，決定論と局所性を回復する試みです．しかし，このような理論は，量子力学とは違って，第5章で述べたように，ある実験[77]とは一致しない予言を与えます．また，スタンダードな量子力学がもっている奇妙さをもっと少なくできる，より基本的な理論を想像することも簡単ではありません．そのため，量子力学は還元主義の行き着く果であるかもしれません．

スタンダードな量子力学は，光子や原子から半導体や超伝導やクォークなど，すべての応用で非常に成功しています．それでもなお，特定の予言を超えて，理論が世界の性質について何を本当に私たちに語ろうとしているのかを理解することは素晴らしいでしょう．そのような関心が，私たちを**哲学**の領域にいやおうなく連れて行きます．あるいは，**量子メタ物理**（quantum metaphysics）とよばれているもの，つまり，**量子力学の解釈**の研究に私たちを導きます．

量子力学の哲学的な基礎に関しては，さまざまな見解があります．そして，「正しい」解釈にはまだ多くの異論があるため，近い将来に解決するとはいえないでしょう．冒頭のゲルマンの引用から，これまでの章で説明してきたコペンハーゲン解釈に対して，すべての人が満足しているわけではないことがわかります．私たちはこの解釈に忠実でしたが，それは必ずしも完全な同意からではなく，それが実験の解釈に対して矛盾のないガイドになったからです．さらに，この解釈が実験をデザインするときのガイドとして役立ったからです．

確かにコペンハーゲン解釈は，特に，観測問題に関して弱点をもっています．一方で，物理学者のなかに解釈に関する論争はありますが，普通の研究者はあまり量子哲学にこだわらずに，量子力学の数式を使って計算したり予測したり，あるいは，実験に取りかかったりしています．実のところ，そのような研究者の大半は哲学を嫌っています．このような研究者たちはSUAC（Shut Up And Calculate! 黙って計算せよ）集団とよばれ，彼らの量子力学に対する寛容な態

---

[77] （訳注）ベルの不等式に関する実験を指します．

度は確固たるものです．

　これまでのところ，すべての知られている実験は量子力学の予言と一致しています．この意味で，量子力学が正しいことに疑問の余地はありません．問題なのは，量子力学が最も基本的なレベルで宇宙の性質に対してどのような描像を与えているのかということです．この問題に関する本はたくさんありますが，提唱されてきたすべての解釈をここで話すつもりはありません．実際，量子力学に代わる別の解釈はたくさん提唱されており，その数は数ダースほどもあります．そして，これらの解釈の多くは他の解釈とわずかばかり異なるだけです．実際，「コペンハーゲン解釈のクラス」とよばれるものを議論している論文さえあります．さらに，事態を悪くさせているのは，同じ解釈なのに異なる名前が異なる著者達によって使われていることです．このような代替の解釈は，ほとんどどれもこの研究の主流にインパクトを与えていません．また，代替えの解釈が呪術思考，神秘主義，あるいは「量子意識」（8.5節を参照）の形式を含んだものであれば，このような解釈は即座に捨てることにします．

　本書では，すべての可能な解釈，あるいは解釈のクラスの概説を試みるよりも，最も重要な2つの解釈に焦点を絞ることにします．1つは，コペンハーゲン解釈です．もう1つは，最近支持されている**多世界解釈**，あるいは**多宇宙解釈**とよばれるものです．また，デコヒーレンスの問題や量子世界と古典世界の境界の問題なども，もう一度，議論します．

　論争の中心的問題は次の2つです．

(1) 量子系の属性の測定は，一般に状態ベクトルの確率的な収縮やリダクション[†28]を含み，プロセスの確率的な性質は固有なものであること．つまり，より基本的で決定論的な説明に還元できないという問題．

(2) 測定を完了させる問題．前章でフォン・ノイマンの無限回帰の「カタストロフィー」に関連して議論したもので，一般に**観測のパラドックス**として知られている問題．

　これら2つの問題は互いに独立ではありません．前章で，私たちは観測のパ

[†28] リダクション（reduction）という言葉は，測定中の状態ベクトルの収縮や崩壊に関して使われます．「還元主義」の問題と混同してはなりません．

ラドックスの可能な解決法に出会っています．それは，人間の意識によって状態ベクトルの収縮が生じ，測定が完了するというものでした．しかし，意識のような概念を多くの物理学者や科学者は避けています．

ここでは，量子力学をその（真偽のほどはわかりませんが）論理的な結論に導く代替えの解釈（多世界解釈）を紹介しましょう．しかし，その前にコペンハーゲン解釈を要約しておきます．

8.2　コペンハーゲン解釈とその不満

私は偉大なことを，非常に偉大なことを，学んだよ．
哲学者の書いてきたものは，まったく戯れ言ばかりだということをね．

ボーア（Niels Bohr）からリンドハード（LINDHARD）へ [†29]

ボーアから，これを引用したのは（おそらくふざけて言ったことなのでしょうが）ボーアへのちょっとした皮肉です．というのは，物理に対するボーアの最も重要な寄与は，量子力学の意味と解釈に関する哲学的な考察を通してなされたと広く考えられているからです．ボーア自身の量子に関する文章は決して戯れ言ではありませんでしたが，曖昧で，ときには不可解でもありました [†30]．それにもかかわらず，この本を通して，さまざまな実験結果を量子力学のコペンハーゲン解釈に頼りながら説明してきました．この解釈はコペンハーゲンのボーア研究所から生まれ育ったものです．この解釈の中心的立案者は，相補性原理を発展させたボーアと不確定性原理（あるいは非決定性原理）を発見したハイゼンベルグでした．不確定性原理の上に，相補性原理は作られています．

しかし，コペンハーゲンの直接的な活動範囲の外にも重要な寄与をした人たちがいました．その中に，例えば，量子振幅の 2 乗の確率解釈を提唱したマックスボルン（ゲッチンゲン大学）や，ヒルベルト空間を使って量子力学の数学的定式化を発展させ，また射影要請を導入したフォン・ノイマン（プリンスト

[†29] 哲学者の会合に出席したあとでボーアが述べたコメントです．パイス著 "Niels Bohr's Times" (Clarendon Press, Oxford, 1991) の 421 頁 からの引用です．
[†30] ボーアの思考プロセスの興味深い説明やボーアの文章の難解さに関しては，Richard Rhodes 著 "The Making of the Atomic Bomb" (Simon and Schuster, New York, 1986) の第 3 章を参照してください．

第8章 量子哲学

ン大学)がいました.ボーアとハイゼンベルグは量子力学のコペンハーゲン解釈を統一した形に表現しようと試みましたが,2人の考えは完全には一致しませんでした.特に,相補性の考え方に対しては,2人の意見の違いはほんのわずかなものでしたが,ボーアはかなり頑固であり,相補性を事実上ドグマのレベルにまで高めようとしていました.そして,ボーアは量子力学から遠く離れた分野にまでそれを適用しようとしていました.

ボーアには,コペンハーゲン流の量子力学よりももっと深く,あるいは,もっと完成された理論が存在するかもしれないという考えはまったくありませんでした.ボーアの周りには,量子力学の解釈に関するすべての問題はボーアが解決しており,他につけ加えるものは何もない(ゲルマンの引用を再読)という考えを広める(あるいは,宣伝する)追従者の組織が現れました.その結果,コペンハーゲン解釈に異説を唱える物理学者たちは,コペンハーゲン学派の仲間による情け容赦のない攻撃と嘲笑を受ける羽目になりました.

代表的な例が,ハイデルベルグ大学のドイツ人物理学者ゼイ(Zeh)の場合です.彼のキャリアは,1960年代後半に測定問題に興味を持ち出したときに傷つけられました.彼の受けた迫害の話は,最近「量子反体制派」というタイトルの論文の中にあります.この論文は1970年頃の量子論の基礎に関する研究で,**モダン物理学の歴史と哲学の研究**というジャーナルにフレイア(Freire)が書いたものです.ゼイの当時の仕事は,いまでは第7章で話した**デコヒーレンスの理論**として知られているものに向かう最初のステップでした.ハイデルベルグ大学で,ゼイに「この問題に対するどのような活動も君のキャリアを終わらせるだろう」と語ったのは,ボーアの以前の同僚イェンセン(Jensen)でした.第5章で登場したローゼンフェルトは,イェンセンからゼイの仕事を知り,その仕事を「狂気じみたナンセンスの凝縮」であると言いました.1980年のプリンストン大学のホィーラーへの手紙で,ゼイは次のように書いています(フレイアの論文から引用).

　　ボーアの権威とパウリの皮肉が,量子の基本的な問題に関する議論を潰すやり方に,私はいつも辛い思いを感じていました.コペンハーゲン解釈は,いつか科学史のなかで偉大なる詭弁とよばれる日がくるでしょう.し

かし，もし，いつの日か答えが見つかるとき，「これはもちろんボーアがつねに意味していたことだ」と誰かが主張するならば，それは大いなる不正であると私は考えます．なぜなら，ボーアは十分に曖昧だっただけなのですから．

コペンハーゲン学派のメンバーによる攻撃のために，ベルのような声が聞こえてくるまでに，長い年月を要しました[31]．

さて，ここでコペンハーゲン解釈をまとめておきましょう．まず，ハイゼンベルグの引用から始めます．

> 量子論のコペンハーゲン解釈はパラドックスから始まる．物理学の実験は，それが日常生活の現象であれ原子の現象であれ，いずれにしても古典物理学で記述される．古典物理学の概念は言葉を形成する．その言葉によって，実験の配置を記述し，そして，実験の結果を述べる．…それでも，このような概念の適用は，不確定性原理によって制限される（**物理学と哲学**より）．

コペンハーゲン解釈の主要な点は次の通りです．これらは，ときどき**正統的**コペンハーゲン解釈とよばれます．

1. 状態ベクトル $|\psi\rangle$ は，量子系に関して知られているものを完全に指定する．
2. 状態ベクトルは，物理量の測定に対する確率を指定する．確率は個々の粒子，あるいは量子系に適用される．
3. 物理量の測定は，状態ベクトルに予測不能な急激な収縮を生じる．
4. 相補性原理は，相補的な物理量の属性が明確に定義できないことを述べている．つまり，ハイゼンベルグの不確定性原理で制限される以上の精度で，それらの量は同時に存在できない．
5. 測定を行ったり，記録する装置は測定結果が古典的な用語で理解できるよ

---

[31] 数年前，この本の主要著者（CCG）がベルの不等式について講演をしました．そのとき，聴衆の中にかつてボーア研究所でポストドクとして研究したことのある，定年退職した教授がいました．この講演のあとで，この教授は聴衆に向かって，ベルの不等式にはまったく重要性はないこと，そして，ボーアがすでに量子力学の問題をすべて解いてしまったことを話しました．

うになっていなければならない．すなわち，測定装置は古典的な道具である（上述のハイゼンベルグによると）．

　最後の点はシュレディンガーの猫の「パラドックス」が惹起する問題を避けるために必要です．そして，量子世界と古典世界の境界を置くために必要です．しかし，ここに曖昧さがあります．原理的に，測定道具は量子力学的に扱われます．そして，測定の量子的な記述と古典的な記述の間のどこにカットをいれるかというガイドは事実上ありません．これは，コペンハーゲン解釈の弱点の1つです．第7章で示したジョセフソン接合をもつ超伝導リングにトラップされた磁束の実験が示唆していることは，他の系から十分に離れた系であれば，2つの世界を分ける境界は大規模に存在しうるということです．

　上記1～5のコペンハーゲン解釈の実用的な意味合いを思い出すために，第2章で述べた電子の2重スリット実験を再考しましょう．状態ベクトル（この場合は，実際には波動関数）は1個の電子を記述します．電子は，1回に1個ずつスリットを通ることを思い出しましょう．1個の電子がスリットを通過し，そして，まだスクリーンには衝突していないとします．このとき，それに付随する波動関数はスクリーン全体に広がっているので，電子の位置の不確定さは非常に大きくなります．しかし，電子がスクリーンに衝突すると点が光るので，電子の位置は局在化します．したがって，電子の波動関数は，突然，不連続的に収縮したことになります．

　電子が衝突する前までは，スクリーン上のどの点における波動関数も，その波動関数は電子がその点に到達できる2つの経路に関係した波動関数（振幅）の重ね合わせ状態です．電子がどの経路を通るかを私たちは検出しないので，この実験は波動的な性質を示します．しかし，もし経路情報を得ようとすれば，干渉パターンは消えます．これが相補性の作用です．電子（や光子など）の波動性と粒子性は，同時に現れることはありません．つまり，これらは互いに排他的な性質なのです．

　相補性に関する別の例は，位置と速度（あるいは運動量）の相補性です．2つの量の確定した値は同時には存在できません．繰り返しになりますが，量子と古典の概念の重要な違いは，古典物理では，粒子（例えばボール）がつねに明

8.2 コペンハーゲン解釈とその不満

確な位置と運動量の値をもつことを，たとえ，これらの値が知られていなくても仮定できるということです．しかし，量子物理では，このような量はハイゼンベルグの不確定性原理のために客観的に不確定になります．つまり，位置と運動量は相補的なオブザーバブルです．量子論は確率的なので，どのような電子に対してもスクリーン上のどの位置に到達するかを確実に予言することはできません．

確率は，粒子がスクリーン上の点に到達できるすべての可能な経路に関係した，量子的振幅を加え合わせて決まります．このような振幅は正にも負にも（さらに複素数にも）なりうるので，確率はある場所でゼロであったり，別の場所で大きくなったりします．つまり，振幅は破壊的に干渉したり，建設的に干渉したりします．2重スリットを通る銃弾の運動を記述したとき（ボルンの機関銃の話を思い出してください），スクリーン上の弾の分布も確率的でした（弾は穴を通過した先のスクリーン上に山積します）．しかし，干渉は起きませんでした．なぜなら，マクロな弾はつねに明確な運動量と位置をもっているからです．言い換えれば，弾の運動に影響を与えずに，スリットを通過する弾を追うことが原理的に可能であることを意味します．最終的に，スクリーン（これが私たちの「測定装置」です）は，次のような意味で古典的な物体として作用します．電子がスクリーンに衝突すると，スクリーン（あるいは CCD カメラなど）は光のフラッシュで衝突を記録します．そして，衝突の情報は古典的な領域に不可逆的に伝わります．もちろん，電子とスクリーンの原子構造との相互作用は量子力学的に記述されねばなりませんが，スクリーン上に結果として現れる光の点はマクロなものです．

同じアイデアは，コペンハーゲン解釈の文脈で前章のシュレディンガーの猫「パラドックス」を解くときにも適用されています．そこでは，もしガイガー計測器が放射性崩壊を検出すれば，計測器はその検出を巨視的な信号に不可逆的に増幅して，状態ベクトルを死んだ猫の状態ベクトルに収縮させます．

状態ベクトルの収縮に関しては，もう少しここで述べておく必要があります．コペンハーゲン解釈の正当なバージョンでは，状態ベクトルの収縮，つまり測定による状態ベクトルの不連続的な変化は，物理的なプロセスではありません．むしろ，数学的なプロセスと考えるべきです．状態ベクトル自体は，本当の物理

第8章 量子哲学

的実体として解釈されません．そのため，その収縮が物理的なプロセスでないことに驚く必要はありません．しかしながら，コペンハーゲン解釈の変形バージョンの中には，状態ベクトルは実在し，その収縮は物理的であると主張するものもあります．

コペンハーゲン解釈は，5.5節で述べたように，**論理実証主義**（logic positivism）として知られる哲学学派に密接に関係しています．論理実証主義は**道具主義**（instrumentalism）[78]の極端なものです．それは，科学理論の目的は世界の説明を与えることではなくて，むしろ，実験と比較可能な予言のできる数学的モデルを提供することです．ここに，この問題に対するフォン・ノイマンの言葉を書いておきます．

> 科学は説明しようとしない．科学は解釈を試みることさえほとんどしない．科学は主にモデルを作る．しかしモデルは，信頼できる言葉の解釈を付けて，現象を記述する数学的な構築物として意味がある．そのような数学的な構築物の正当性は，単に，そして，正確に，それがうまくいくか否かで決まる．

この厳格な観点は，科学者の間でそれほど共有されたものではありません．数学モデルの予言を超えた説明を，多くの科学者は望んでいます．つまり，彼らにとって，理論は，たとえどんな理論であっても，実験で検証されうる予言以上のものです．理論とは，現象に対する論理的で知的な描像を与えるものであり，そして，可能な限り最も深いレベルでの理解に導くものです．原子レベルの現象に対する完全な描像を得たいという欲求こそが，ある人々に量子論の別の理論を提唱させたり，また別の人たちにスタンダードな量子力学の別の解釈を提唱させたりするのです．

量子力学の代替品(だいたいひん)は，一般にスタンダードな量子力学のわずかな修正か発展です．マクロとミクロをつなぐ意図で拡張する試みも，いくつかなされてきま

---

[78] （訳注）「予測が正しいならば，それがなぜ正しいかは問題ではない」とする考え方です．そのため，シュレディンガー方程式の波動関数は予測のための単なる道具にすぎないという考えになります．つまり，理論の意味やその背後にある実在について考えることはせず，理論はひとえに道具として役立てばよいという極端な考え方です．

した．これらの拡張で最も有名なものは，おそらくギラルディ（Ghirardi），リミニ（Rimini），ウェーバー（Weber）（GRW）の仕事です．そこには，量子状態の収縮をランダムに，そして，自発的に生じさせる非線形相互作用が，スタンダードな量子力学に付加されています．この収縮に要する時間は，含まれている粒子の数がマクロかミクロかに依存しています．ミクロな系に対してこのモデルは，測定装置の相互作用がなければ，量子状態が実質的に収縮しないようになっています（コペンハーゲン解釈と一致するように）．しかし，マクロな系に対しては，測定装置との相互作用がなくても，100分の1ナノ秒（1秒の10^{-11}）以内で収縮するようなモデルになっています．

　第7章で述べたタイプの実験は，原理的にこのような効果を検出できるでしょう．しかし，もしこれが起これば，この効果はデコヒーレンスを生じる環境効果と競合することになります．マクロに区別できる量子的な重ね合わせ状態は非常に速くデコヒーレントするから，GRW理論の提唱する効果は隠されてしまうかもしれません．そのため，環境の影響を受けないように十分に隔離してから，同様の実験をそのシステムで行う必要があります．このような実験はすでに実施されています．しかし，いずれにしても，もし状態ベクトルの収縮が正統なコペンハーゲン解釈が主張するように物理的でないなら，このような実験は結局，徒労になってしまうでしょう．なぜなら，どんなに測定時間の分解能をよくしても，非物理的な収縮を実験で検出することはできないからです．

　局所的な隠れた変数理論は，少なくとも，量子力学のある性質に対する根本的な説明を与えます．しかし，ベルの定理で説明したように，この理論は量子力学と異なる予言をします．したがって，実験で2つの理論のどちらかを選ぶことができます．そして，現在までのすべての実験は，量子力学を圧倒的に支持しています．

　明確にしておきたいことは，局所的な隠れた変数理論がスタンダードな量子力学の単なる別解釈ではないということです．この理論は量子力学とはまったく異なる理論で，現在，実験で排除されています．一方，ボームが提唱した**非局所的**な隠れた変数理論もあります．しかし，この理論はスタンダードな量子力学と区別できる検証可能な予言ができません．そして，理論が非局所的であるための「問題」もまだ残されたままです．ちなみに，ボームの理論は非局

所理論だったので，アインシュタインは不満を抱いていました．

8.3 多世界解釈

　この解釈は「常識」を量子力学に取り戻すことを目指したものですが，かなりの代償も払っています．その代償が多重宇宙の導入です．「常識」を取り戻すために提唱されたこの大胆な考えは，当然，反論をまねく概念です．量子力学の奇妙さは消えていません．それはコペンハーゲン解釈とは別の形で現れています（つまり，量子の奇妙さは決して消えることなく，単に形を変えるだけです．これがすべての解釈に含まれている問題なのです）．

　多世界解釈（MWI, many-worlds interpretation）の背後にあるアイデアは次のようなものです．重ね合わせ状態にある量子系を測定したとき，状態ベクトルは重ね合わせ状態のなかの特定の状態に**収縮**することはなく，観測が可能なすべての状態は実際に生じると考えます．しかし，それらは「互いに異なる排他的な宇宙」に生じると考えるのです．このような宇宙のことを簡単に**世界**とよぶこともあるので，多世界解釈と名付けられています．これらの世界は互いにつながっていません．そして，それぞれの世界の観測者は互いに接触できないので，決して相手の世界の存在に気づくことはありません．この解釈には，確率的なものは何も入ってきません．というのは，測定可能な状態のすべてが実現するからです．とはいっても，異なる世界（宇宙）においてです．

　前章で述べた，シュレディンガーの猫に関わる無限回帰の問題を思い出してください．もし観測者の意識にまで入り込むという量子観測のアイデアを真面目に考えれば，状態ベクトルは

$$|\psi\rangle = \frac{1}{\sqrt{2}}\Big(|\text{崩壊しない}\rangle_{原子}\ldots|\text{生きている}\rangle_{猫}|\text{生きた猫を見る}\rangle_{観測者}$$
$$+|\text{崩壊する}\rangle_{原子}\ldots|\text{死んでいる}\rangle_{猫}|\text{死んだ猫を見る}\rangle_{観測者}\Big)$$

と書けます．ドット（...）はフラスコやハンマーやその他の状態を含む中間状態を意味しています．ここで観測者は原子と猫ともつれ合います．巨視的な猫（つまり，7.3 節の重ね合わせ状態 $|\alpha\rangle$ のような本物の猫）の生と死の状態間の量子干渉効果をみることは，猫を作っている粒子数（自由度）が莫大であるの

で本質的に不可能です．あるいは，もし可能だったとしても，すべての粒子を含む干渉パターンは途方もなく複雑になるでしょう．このため，生きている猫の状態と死んでいる猫の状態を見ることがないのと同様に，もはや，生きている猫か死んでいる猫を見たそれぞれの観測者の間の干渉も見ることはありません．多世界解釈は $|崩壊しない\rangle_{原子}...|生きている\rangle_{猫}|生きた猫を見る\rangle_{観測者}$ と $|崩壊する\rangle_{原子}...|死んでいる\rangle_{猫}|死んだ猫を見る\rangle_{観測者}$ が異なる世界にあること，その世界が**枝分かれ**すること，そして，猫が生きている世界の観測者が猫の死んでいる世界の観測者に気づかないことを主張しています．多世界解釈は，両方の枝が存在すると主張するという意味において，実在を量子力学に取り戻したことになります．しかし，互いに接触不可能な別々の世界であるという代償を払わなければなりません．

この解釈に立てば，実験や一連の実験に依存して，多様に分岐や分離していく世界をもつことができます．これがどのように生じるかを見るために，はじめに偏光状態 $|+45°\rangle$ にある単一光子を使って考えてみましょう．光子の H 偏光か V 偏光を決めるために，偏光板で測定します．$|+45°\rangle = (|H\rangle + |V\rangle)/\sqrt{2}$ です．図 8.1 を見てください．H 偏光の結果と V 偏光の結果を表す 2 つの線は，異なる世界であると解釈します（しかし，ただ 1 個の光子しかないことを忘れないように）．もし ±45° 偏光を決める測定をそれぞれの世界で行えば，そのとき，これらの状態は H と V 光子状態の重ね合わせ状態なので，4 つの世界が現れます（しかし，やはりただ 1 個の光子だけです）．この一連の測定を枝分かれした世界で繰り返せば，世界の数は単純に増えていきます．つまり，増殖型の分離した世界になります．そして，状態ベクトルは決して収縮しません．多世界解釈に従えば，量子的な世界と古典的な世界を分ける境界はありません．観測者自身も系の一部であり，彼の状態もこのようなすべての**並行宇宙**に同時に分離していくと考えるのです．

もともと**相対状態解釈**（relative state interpretation）とよばれていたこの解釈は，プリンストン大学のエベレット（Everett）が 1957 年に学位論文で提唱したものです．エベレットのアイデアはコペンハーゲン学派によって攻撃され，嘲笑されました．そして，長年ほとんどの物理学会から実質的に無視されてきました．ドウィットやその他の人たちの努力によって，この多世界解釈が

第 8 章　量子哲学

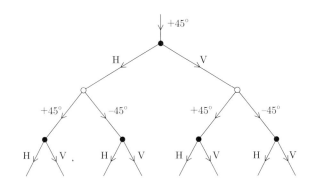

● = (H,V)測定
○ = (±45°)測定

図 8.1　量子力学の多世界解釈において，測定はすべての可能な結果を生み出す．それぞれの結果は異なる世界（宇宙）にある．具体例として，はじめに水平方向と垂直方向に偏光した光子の重ね合わせ状態として用意した状態に，偏光板を使って，何回も実験を行う場合を示す．図の各ラインは異なる世界を表している．

他のすべての提唱された解釈のなかで確固たる地位を得だしたのは 1970 年の頃でした．多世界解釈のアイデアは**量子宇宙**の研究者たちに確実にアピールしました．なぜなら，量子宇宙の研究は全宇宙を量子系として扱う試みなので，全宇宙に対して測定を行う外部の観測者は存在しえないからです．

　これは科学のフィクションに対してたくさんの素材を与えるかもしれませんが，多世界解釈は明らかな理由で誇張されています．本当に，測定問題を解決するのでしょうか？　どのように解決するかを見ることは簡単ではありません．まさに墜落寸前の飛行機に乗っている不幸な自分がいるとしましょう．このときに，別の並行宇宙にある空港の滑走路に，自分は同じ飛行機内で安全に着陸しようとしていると考えて，自分が安心できるとは思えません．この途方もない考えはさておき，この解釈から古典的な世界をどのように取り戻すかを，少なくとも，そのオリジナルな数式のなかで見ることも難しいのです．

　一方で，現在，デコヒーレンスによって状態ベクトルの収縮が**出現**するよう

に思われています．そうすると，同じように量子と古典の境界も**出現**するように思われます．しかしながら，デコヒーレンスは何も多世界解釈だけに固有のものではありません．要するに，デコヒーレンスは特別な解釈に頼らずに，日常のマクロ的な大きさのスケールで，量子世界のすべての特徴（量子重ね合わせ状態，量子相関など）の消失を説明できます．

多世界解釈への批判は，しばしば有名なオッカム（Ockham）のカミソリを思い出させます．**少数の論理でよい場合は多数の論理を定立してはならない**¶79．それでも，多世界解釈の支持者たちのなかには，オッカムのカミソリが適用されるのは理論に含まれる**アイデア**の数に対してであり，理論に含まれる事物の数にではないと唱える人たちがいます．多世界解釈を支持する人たちの中で，最も著名なのが量子情報理論家のドイチュ（Deutsch）です．彼は自身の本 "*The Fabric of Reality*"（章末の参考文献を参照）でこの解釈を擁護しています．真偽のほどはわかりませんが，多世界解釈はポピュラーになりだし，そして主流にさえなりつつあるとも言われます．しかし，この解釈を受け入れて研究活動している物理学者にめったに会うことはありません．ただし，彼らが多世界解釈のアイデアを自宅で個人的に（密かに）使っているかもしれないと想像することはできますが．

もっと典型的なのは，物理学者ストリーター（Streater）の立場かもしれません．彼は自身のウェブサイトで見込みのない理論物理学のリストを挙げていますが，その中に多世界解釈が含まれています（隠れた変数理論も）．ストリーターは，「多世界解釈は何もない．理論でも仮説でも実験可能な予言でもない．あるいは，ヒルベルト空間の結果以外の，どのような種類の結果もない．これはつまらないアイデアだ†32」と，述べています．

量子力学の解釈に対する共通の問題は，それらが**解釈**であるということです．つまり，正しい結果を与える量子力学が基礎とする法則や計算規則に対する解釈です．そのため，この解釈がスタンダードな量子力学の予言と異なるものを

¶79 （訳注）14世紀のイギリスのオッカム（哲学者・神学者）による考え方で，無用な複雑化を避け，最も簡潔な理論を採るべきだという原則です．そのため，「思考節約の原理」ともいわれます．オッカムのカミソリは「無用な髭は剃り落とさねばならない」という喩えに由来します．

†32 ストリーターは次のようなものもリストに入れています．量子宇宙，隠れた変数理論，そして，ペンローズ（Penrose）をコペンハーゲン的観点に転向させる予想．

第 8 章　量子哲学

予言することなどは期待されていません．多世界解釈に対する論争，あるいは，量子力学の他の解釈に対する論争は，まだまだ長引きそうです[†33]．

🐾 8.4　デコヒーレンス

デコヒーレンス自体は，これまでに量子力学の解釈でときどき考えられていました．想像できるかもしれませんが，いくつかの「デコヒーレンス」があります．しかし，ここでは，第 7 章の終わりで説明したような，環境と量子系との相互作用によってもたらされる現象としてのデコヒーレンスを考えます．つまり，量子系はその周りの環境との相互作用から決して隔離できず，これらの相互作用が量子系の重ね合わせ状態を壊して，統計的な混合状態に変えてしまう，というデコヒーレンスの考えです．

小さな系とその環境との相互作用は，その系になされる連続的な測定のようなものと考えることができます．このとき起こるのは，小さな系の状態と環境に使われる非常に多くの量子状態とのエンタングルメントです．これは，小さな系のコヒーレンスを弱める効果があります．いま，もし少数の量子からなる系が環境から分離されていれば，この量子状態は比較的容易に維持されます．そして現実に，少数の原子や光子などの系は当たり前のように作られています．

しかし，系が大きくなり，（シュレディンガーの猫のように）複雑になると，その系を環境から隔離することは難しくなります．実際，系が大きいほど，重ね合わせ状態が混合状態にデコヒーレントする速度は速くなります．しかしながら，原理的には，大きな系の重ね合わせとエンタングルメントを作ることは可能です．この実現には，スケールの大きな系で量子コヒーレンスの測定を行えるように，この大きな系を充分な時間だけ隔離できるかがポイントで，これはひとえに実験者の腕に掛かっています．さらに，スケールの大きな 2 つ以上の系がエンタングルした状態も，デコヒーレンスの効果を十分に抑えられるならば，局所的な隠れた変数理論を反証した実験，つまり，第 5 章で述べたベルの定理に関連した実験に使えることも示されています．

[†33] 多世界解釈に対する別の意見に関しては，次のウェブサイトを参照してください．http://plato.stanford.edu/entries/qm-manyworlds/

デコヒーレンスの観点に立てば，第7章の終わりで述べたように，量子世界と古典世界の間に実際には境界などありません．ある系を研究するとき，その系は周りの環境との相互作用でエンタングルします．このとき，環境という非常に大きな系を測定して全体的な重ね合わせとエンタングルメントを明らかにすることはできません．実験はつねに宇宙の小さな部分（対象とする小さい系）を調べるだけで，残りの宇宙（環境）は無視します．しかし，それは残りの宇宙（環境）が系を無視することを意味するわけではありません．もし，系とその環境が充分長い時間（実際は非常に短い時間ですが）相互作用するならば，そのときこの小さな系とその環境を構成する大きな系との間の確実なエンタングルメントが，この小さな系のコヒーレンスを完全に消失させます．

したがって，皮肉なことですが，大きな系との量子エンタングルメントが，より小さな系を量子コヒーレンスの消失した系に変えてしまうことになります．つまり，後者の系（小さな系）を古典的に見える系に実質的に変えてしまうのです（量子コヒーレンスの消失した系になるのです）．もし，小さな系のサイズを大きくすれば（例えば，もっと粒子を増やせば），系の量子コヒーレンス消失（デコヒーレンス）をもっと早める効果を生じます．このような効果が，なぜ日常世界で奇妙なシュレディンガーの猫状態に遭遇しないのかという理由を与えます．デコヒーレンスの観点からは，量子と古典の境界は存在しません．

デコヒーレンスは量子計算機の不倶戴天の敵です．大きなスケールの量子計算機を作るには，かなり長い期間，莫大な数の粒子に量子コヒーレンス状態を維持させる必要があります．このような系をデコヒーレンス効果から隔離することの困難さは，どんなに強調してもしすぎることはありません．このために，大きなスケールの量子計算機の実現は当面期待できないでしょう．

8.5 量子意識

ウィグナーや他の人たちによって提唱されたこの概念に，私たちはすでに出会っています．これは，状態ベクトルの収縮が究極的に人間の意識によって起こるというものです（おそらく，猫の意識によっても）．これは，意識が量子世界に入ってくるものとして理解しうる1つの方法です．しかし，本書を通じて

強調してきたように，実験者（そうでなければ観測者とよばれる人）は，実施する実験の種類を意識的に自由に選択できます．つまり，異なる種類の結果を与える実験の種類を，自由に選ぶことができます．このことを再度，電子の2重スリット実験に戻って説明しましょう．もし実験者がスリットの1つを閉じて経路情報を得る実験を選択すれば，電子の粒子的性質が現れます．一方，実験者がスリットを両方とも開いたままにして，経路情報のわからない実験を選択すれば，量子的干渉が生じて電子の波動的性質が現れます．要するに，粒子と波の性質は相補的です．

そして，どちらの性質を出現させたいか（少なくとも検出の前に）ということに関しては，遅延選択実験で示したように，その決定をいつするかということは無関係であることを思い出しましょう．観測者は（つまり，意識のある物体は）なすべき実験のタイプを選んで，得られる結果の種類も選ぶことができるので，少なくとも明確な実験状況において，意識は量子世界で役割をもっていることになります．もちろん，計算機のプログラムを使って，実験の選択を自動的に決めて行うこともできますが，これは何も変えません．というのは，行いたい実験の選択をプログラムに書いている間に決定していることを，単に述べているだけだからです．

この厄介な問題を避けるために，第3章で説明したタイプの量子力学的な乱数発生器を代わりに使うことができます（ビームスプリッターに入射する単一光子）¶80．乱数発生器の出力によって，どちらの実験を行うかがランダムに決定されます．つまり，光子が反射されれば，あるタイプの実験が実施され，光子が透過すれば，別のタイプの実験が実施されることになります．

異なる種類の結果を得るために，異なる種類の実験を選択できるという事実は，量子力学を通して，不幸にも（少なくとも一般社会のある一部において）**全宇宙は観測者の作り出すものである**という信仰に導きました．そのような主張は，とても大げさでヘーゲル哲学†34のようです．

¶80 （訳注）3.3節のポッケル・セルを使った実験を指します．
†34 バートラント・ラッセル（Bertrand Russell）著 "*Unpopular Essays*"（Simon and Shuster, New York, 1950）の中の "*Philosophy and Politics*" を参照してください．その中に，ヘーゲルは「...すべての現実は思考である．」と述べています．

8.5 量子意識

これまで，かなりの期間，わずかばかりの量子力学の知識をもった量子渡り鳥たちが，人間の意識と量子力学との間の怪しげな関係を誇大に主張してきました[35]．そして，最近，同じ趣向の映画が現れました[36]．量子効果は直接的な治療効果があると主張するのもあります[37]．ホメオパシーの実践士たちにはポピュラーな考えですが，このような主張は公認されていません．

一方，次のように問うのは理にかなっているように思えます．量子力学が意識の**起源（オリジン）**と関係するならば，それはどのような関係だろうか？ 意識は，たとえどのように信じるにしても，究極的には量子的な現象だとわかるかもしれません．これは，著名な物理学者ペンローズによって強く支持されている見方です（余談ですが，重力は量子状態の収縮と関係があるのではないかと，彼は想像しています）．

確かに，意識は脳内で生じる化学的なプロセスや電気的なプロセスを含んでいます．実際，私たちは意識の状態を麻酔薬のような薬物の投入や怪我によって簡単に変えることができます．そして，もちろん，化学反応は基本的に量子力学的な現象です．しかし，あなたの車の内燃機関で起こる反応もそうです．でも，車のエンジンを量子力学的な装置であると考えることは普通ありません．

重ね合わせとエンタングルメントによって現れる奇妙な性質，すなわち，量子コヒーレンスの**量子性**が，精神活動によって発現することは**明らか**にありません．一方で，量子コヒーレンス効果が生物学的なプロセスで一定の役割を果たしている証拠があります．例えば，光合成反応において，量子コヒーレンスを介して波動的なエネルギー転送の起こる証拠が最近見つかっています．しかし，量子コヒーレンスが脳内に存在しうることを仮定するのは，大きな飛躍です．たとえ，最終的にそうであることが証明されたとしても，意識が量子コヒーレンスを制御することはできないでしょう．そして，量子コヒーレンスをうまく操って，量子意識の多くの支持者たちが私たちを信じさせたいような仕方で，

---

[35] 特にひどい例は，私見ながら Fred Alan Wolf が書いている多くの本（"*The Dreaming Universe, The Yoga of Time Travel, The Spiritual Universe*, 等々"）です．これらの本は科学界では相手にされていません．

[36] "What the Bleep Do We Know?" これは細切れの科学と多くのでたらめで根拠のない主張が混じりあった映画です．

[37] 例えば，Deepak Chopra 著 "*Quantum Healing*"

外部世界に影響を与えることもできないでしょう．いずれにせよ，彼らの主張は極度の疑念をもって見られるに違いありません．

とにかく，読者のみなさんは日常生活で量子的効果の誇大な主張に用心することが肝要です．特に，量子意識の怪しげな主張に対して気をつけなければなりません．

要するに，量子力学は奇妙ではあっても，それほど奇妙ではないのです．

8.6 ミステリーは残る

> 私たちは輪になって踊り，そして想像する．
> でも秘密は真ん中に座り，そして知っている．
>
> ロバート・フロスト（Robert Frost）の詩
> "The Secret Sits"（秘密は座る）から [81]

表面的ではありましたが，私たちは量子力学の解釈に対する膨大な文献と量子世界の異常な奇妙さに対する多くの証拠を眺めてきました．その問題について書かれたものを調べても，基本的なミステリーは決して消えません．

量子力学の解釈に関しては「量子的奇妙さの保存則」のようなものがはたらいているみたいです．奇妙さはある場所では消えるかもしれませんが，他のどこかに現れます．多世界解釈は，分離していく宇宙の見えざる無限がミステリーを残す限り，量子のミステリーを本当に解決したことにはなりません．

スタンダードな量子力学を捨てて，局所的な隠れた変数理論に戻れば，明らかに，ミステリーを消し去ることができます．しかし，すでに見てきたように，このような隠れた変数理論は実験的に支持されません．実験結果と一致するようにさせながら，このような種類の理論を修正する試みは，無理なように思えます．そして，スタンダードな量子力学のカラクリと同じくらいに奇妙なカラクリに助けを求めることになります．

量子のミステリーは残ったままです．ファインマンが自著 "The Character of Physical Law" に述べているように：

---

[81] （訳注）アメリカ合衆国の詩人（1874 年–1963）です．代表的な詩に "The road not taken"（選ぶもののない道）があります．

量子力学を本当に理解できている人なんてどこにもいない，と言っても間違いじゃないとボクは思ってるよ．...できれば，「自然はどんなカラクリでそうなるのだろう」って，考え込むのはやめよう．だって，泥沼にはまってしまうからさ．そこは，まだ誰も出口がわからない袋小路なんだ．本当のことをいえば，どんなカラクリで自然がそんなふうに振る舞うのか，誰もわかっちゃいないんだよ．

第 8 章　量子哲学

参考文献と参考図書

Ball P., "Physics of life: The dawn of quantum biology", Nature (News Feature) Vol. 474, page 272 (2011).

Camilleri K., "A history of entanglement: Decoherence and the interpretation problem", Studies in History and Philosophy of Modern Physics, Vol. 40, page 290 (2009).

Deutsch D., *The Fabric of Reality*, Penguin Books, 1997.

Deutsch D., "Quantum Mechanics and reality", Physics Today, February, 1970. page 35.

Engel G. S., Calhoun T. R., Read E. L., Ahn T.-K., Mancal T., Cheng Y.-C., Blankenship R. E., and Fleming G. R., "Evidence of wavelike energy transfer through quantum coherence in photosynthetic systems", Nature Vol. 446, page 782 (2007).

Freire O., Jr. "Quantum dissidents: Research on the foundations of quantum theory circa 1970", Studies in History and Philosophy of Modern Physics, Vol. 40, page 280 (2009).

Ghirardi G. C., Rimini A., and Weber T., "Unified dynamics for microscopic and macroscopic systems", *Physical Review D* Vol. 34, page 470 (1986).

Heisenberg W., *Physics and Philosophy: The Revolution in Modern Science*, Harper, 1958.

Osnaghi S., Freitas F., and Freire O., Jr. "The origin of the Everettian heresy", Studies in History and Philosophy of Modern Physics, Vol. 40, page 97 (2009).

Pais A., *"Niels Bohr's Times", in Physics, Philosophy, and polity*, Oxford University Press, 1991.

Penrose R., *The Emperor's New Mind*, Oxford University Press, 1989.

Penrose R., *Shadows of the Mind*, Oxford University Press, 1994.

Wigner E. P., *Symmetries and Reflections, Scientific Essays*, MIT Pess, 1970.

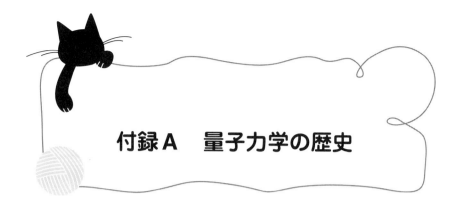

付録A 量子力学の歴史

1900 プランクは,黒体放射のスペクトル分布を説明するために,黒体空洞壁面と放射場の間で交換されるエネルギーが量子化されるというアイデアを導入しました.

1905 アインシュタインは,光電効果を説明するために,プランクの量子エネルギーというアイデアと光量子の概念(今日,光子とよばれているもの)を使いました.光子は光の「粒子」として理解されましたが,当時,光は波のようなものと一般には考えられていました.

1907 ラザフォードが原子核を発見しました.原子内のすべての正電荷は,この小さくて重い原子核内部に存在します.ラザフォードはアルファ粒子を金箔に衝突させる実験を行いました.そして,ほとんどのアルファ粒子は素通りするけれども,まれに真後ろに散乱されるものがあることを見つけました.この現象をアルファ粒子と原子核との正面衝突として説明しました.

1913 ラザフォードの原子核モデルに,ボーアは原子核の周りの電子のエネルギーは量子化されるというアイデアを導入して,水素原子のスペクトル線の起源を説明しました.ボーアの量子論はアドホック(場当たり的)だったので,スペクトル線の強度を説明することはできませんでした.

1921 シュテルンとゲルラッハは「空間の量子化」を発見しました.それは銀原子のビームが不均一な磁場を通るときに2本のビームに分かれる現象です.

付録 A　量子力学の歴史

この効果は，のちに銀原子に含まれる 1 個の価電子の磁気モーメント（電子スピン）によるものと理解されました．この電子スピンの大きさと向きが量子化されるので，スピンは「上向き」か「下向き」かの 2 つの向きしかとれません．

1923　ド・ブロイは，波動現象を示す光がアインシュタインの示したように粒子的な性質をもちうるなら，おそらく電子のような粒子も波動的な性質をもちうるだろうと予言しました．

1925　パウリは，「パウリの排他律」を導入しました．これは，1 個の原子内で 2 個の電子は同じ量子数をもつことはできないという原理です．この原理によって，複雑な原子の電子構造が理解できます．

1925　ハイゼンベルクは，量子論の新しい形式である量子力学を発明しました．これによってスペクトル線の強度の説明ができるようになりました．この理論はのちに行列力学とよばれました．

1925–26　シュレディンガーは，粒子の波動性というド・ブロイのアイデアを使って，量子力学のもう 1 つの形式を発明しました．これは波動力学とよばれますが，のちに，波動力学と行列力学は等価な理論であることがわかりました．

1927　デヴィッソンとガーマーは，電子の回折をニューヨークのベル研究所で観測し，電子の波動性を実証しました．

1927　ボーアは，量子力学に相補性という概念を導入しました．

1932　フォン・ノイマンは，量子力学にヒルベルト空間の数学的な形式を導入しました．そして，射影仮説を導入しました．

1935　アインシュタイン，ポドルスキー，ローゼンの 3 人は，量子力学のコペンハーゲン解釈に反論するために，理論が量子世界の不完全な記述であることを主張しました．彼ら 3 人は気づかないうちに，もつれ状態の概念を導入していました．

1935 シュレディンガーは，因子化できない多粒子状態を記述するために，量子力学に「エンタングルメント」という概念を導入し，これが量子力学の構造を本質的に特徴付けるものであることを指摘しました．また，測定に関するコペンハーゲン解釈の寓話を目論んで，量子測定問題にシュレディンガーの猫のパラドックスを導入しました．

1952 ボームは，量子力学の隠れた変数理論を導入しました．しかし，その理論は非局所理論であり，スタンダードな量子力学と等価でした．アインシュタインはこのボーム理論に失望し「陳腐だ」と評しました．

1964 ベルは，局所的な隠れた変数理論が，条件によってはスタンダードな量子力学と異なる結果を予言しうることを示しました．彼は2つの理論を不等式を使って検証する方法を見つけました．ベルの不等式は，局所的な隠れた変数理論では満たされますが，スタンダードな量子力学では破れます．

1972 クラウザーとフリードマンは，カルシウム原子から放出された偏光光子ペアを使って，ベルの不等式を初めて実験的に検証しました．実験は暫定的にベルの不等式の破れを示したので，見たところ，局所的な隠れた変数理論を排除しました．しかし，実験には抜け穴がありました．

1982 アスペと協力者たちがクラウザー–フリードマン実験の抜け穴を（超高速なスイッチングを使って）ほとんどふさぎました．そして，スタンダードな量子力学に対する最大の支持を与えました．

1980年代半ばから現在まで マンデル，クワイアット，その他の多くの実験者たちが，下方変換プロセスから得られる光子ペアを使って，標準偏差の20倍ほども破れたベルの不等式を得ました．

1984 ベネットとブラサードが，量子鍵配送（量子暗号）のプロトコルを提唱しました．

1985 ロージャーと協力者たちが，単一光子の干渉実験をしました．

付録 A　量子力学の歴史

1986　2つのグループ，メリーランド大学のアレイのグループと，ミュンヘンにあるマックスプランク研究所のウォルターのグループが，減衰させたレーザー光を使って遅延選択実験を行いました．

1987　ホン，オウ，マンデルたちは，単一光子を同時にビームスプリッターの両側から入射すると，両方の光子が一緒に同じ経路に現れることを実証しました．

1989　グリーンバーガー，ホーン，ツァイリンガーたちは，3個以上のもつれ状態を使ってベルの不等式の別形式を提唱しました．そのような状態（GHZ状態）を使って，局所的な隠れた変数理論は1回の実験で反証されました．

1992　クワイアットと共同研究者は，量子消去を実証しました．

1993　スタインバーグと共同研究者は，単一光子のトンネリング時間を実測しました．そして，見かけのトンネリング速度が光速の1.7倍ほど速いことを見つけました．

1993　ハーディは，量子力学に対立する局所実在論を検証するために，ベルの不等式を用いずに，2光子もつれ状態を使う方法を提案しました．

1994　ショアは，量子コンピューターができれば，短時間で大きな整数の素数を見いだす量子力学的な計算法を提案しました．

1995　クワイアットと共同研究者は，無相互作用測定を実証しました．

1995　マンデルのグループは，ハーディの提案を実験的に示して，量子力学と一致することを示しました．

1997–98　2つのグループ，当時インスブルックにいたツァイリンガーのグループとローマのマルティーニのグループが，量子テレポーテーションの実験を行いました．

2000 ツァイリンガーと共同研究者は，実験的にもつれ状態にある3個の光子を使って，局所的な隠れた変数理論の検証実験を行いました．隠れた変数理論はテストに落ちました．

2000 2つのグループ，フリードマン（ストニーブルックのニューヨーク州立大学）と共同研究者たちのグループと，ファンデルワール（デルフト工科大学）と共同研究者たちのグループが，スクイド（SQUID）が2つの磁束状態の重ね合わせになることを実証しました．

2006 グレンジャーとアスペのグループが，単一光子を使った遅延選択実験をほとんど理想的な形で行いました．

2007 ツァイリンガーのグループが，レゲットのアイデアに基づく非局所実在論の検証実験を行いました．実験結果から，非局所実在論はスタンダードな量子力学と矛盾することがわかりました．

2007 山本（Y. Yamamoto）の率いる日本の共同研究者が，単一光子と超伝導光子検出器を使って，量子鍵配送の実験を $200\,\mathrm{km}$ の距離で実施しました．

2009 ジュネーブ大学のグループとコーニング会社との協力で，超低損失光ファイバーを使って，$250\,\mathrm{km}$ の距離で高い効率の量子鍵配送の実験を行いました．

2009 メリーランド大学のモンローのグループが，トラップされているイオンの量子状態を，そこから約 $1\,\mathrm{m}$ 離れた別のトラップされているイオンにテレポートする実験を初めて行いました．

付録 A　量子力学の歴史

参考文献と参考図書

次の参考書には，本書の多くのトピックスが時系列に沿って議論されています．

B. Hoffman, *The Strange Story of the Quantum*, 2nd edition, Dover Publications, 1959.

V. Guillemn, *The Story of the Quantum Mechanics*, Dover Publications, 2003.

G. Gamov, *The Thirty Years that Shook Physics*, Dover Publications, 1985.

M. Jammer, *The Conceptual Development of Quantum Mechanics*, McGraw-Hill, 1966.

M. Jammer, *The Philosophy of Quantum Mechanics*, John Wiley & Sons, 1974.

H. Kragh, *Quantum Generations, A History of Physics in the Twentieth Century*, Princeton University Press, 1999.

A. Whitaker, *Einstein, Bohr, and the Quantum Dilemma*, 2nd edn.,Cambridge University Press, 2006.

D. Lindley, *Uncertainty: Einstein, Heisenberg, Bohr, and the Struggle for the Soul of Science*, Anchor Books, 2008.

E. Segrè, *From X-rays to Quarks, Modern Physicists and Their Discoveries*, Dover Publications, 2007.

E. Segrè, *Faust in Copenhagen: A Struggle for the Soul of Physics*, Penguin Book, 2007.

L. Gilda, *The Age of Entanglement*, Vintage, 2008.

M. Kumar, *Quantum: Einstein, Bohr, and the Great Debate About the Nature or Reality*, Norton, 2008.

付録B　学生のための量子力学実験

　過去 10 年間に，熱心な物理学の教授たちは大学の物理実験に量子力学の基礎的なテストを行う実験の開発を先頭に立って進めてきました．このような実験の大半は光学的なもので，本書で述べた実験のいくつかも今日の大学生たちの行う実験に含まれています．

　これらには，単一光子の存在（ビームスプリッターに入射する単一光子），単一光子干渉実験，偏光もつれ光子を使ったベルの不等式の破れ，もつれ光子を使った量子消去，そして，局所実在論のハーディ-ヨルダン実験などを含んでいます．

　そのような実験を開発したグループへのリンクと関連した概要に対しては，Whitman College の Beck 教授のウェブサイト：学部生のためのモダンな量子力学実験

http://people.whitman.edu/ beckmk/QM/

を見てください．また，Clogate Univ. の Galvez 教授のウェブサイト：

www.colgate.edu/facultysearch/FacultyDirectory/Egalvez

を見てください．そこには，大学生のための量子力学実験の追加的な資源があります．

付録 B　学生のための量子力学実験

参考文献と参考図書

Andrade J., e Silva and G. Lochak, *Quanta*, McGraw-Hill, 1969.
Audretsch J., *Entangled World*, Wiley-VCH, 2006.
Baggott M., *The Meaning of Quantum Theory*, Oxford University Press, 1992.
Born M., *The Born-Einstein Letters 1916–1955*, Macmillan, 1971.
Feynman R., *The Character of Physical Law*, MIT Press, 1967.
Ford K. W., *The Quantum World*, Harvard University Press, 2004.
Ghirardi G.,*Sneaking a Look at God's Cards*, Princeton University Press, 2004.
Greenstein G., and Zajonc A. H., *The Quantum Challenge*, 2nd edn., Jones and Bartlett, 2006.
Heisenberg W., *Physics and Philosophy*, Harper & Brothers, 1958.
Hughes R. I. G., *The Structure and Interpretation of Quantum Mechanics*, Harvard University Press, 1989.
Laloë F., "Do we really understand quantum mechanics? Strange correlations, paradoxes, and theorem", *American Journal of Physics* 69 (2001), 655.
Lederman L., and Hill C. T., *Quantum Physics for Poets*, Prometheus Books, 2011.
Lindley D., *Where Does All the Weirdness Go?*, Basic Books, 1996.
Onnès R., *The Interpretation of Quantum Mechanics*, Princeton University Press, 1994.
Onnès R., *Quantum Philosophy*, Princeton University Press, 1999.
Onnès R., *Understanding Quantum*, Princeton University Press, 1999.
Pagels H. R., *The Cosmic Code*, Simon and Schuster, 1982.
Rae A., *Quantum Physics: Illusion or Reality?*, 2nd edn., Cambridge University Press, 2004.
Rae A., *Quantum Physics: A Beginner's Guide*, Oneworld Publications,

2005.

Shimony A., "The Reality of the Quantum World", *Scientific American*, January 1988, p. 46.

Shimony A., "Conceptual foundations of quantum mechanics", in *The New Physics*, ed. Paul Davies, Cambridge University Press, 1989, p. 373.

Styer A., *The Strange World of Quantum Mechanics*, Cambridge University Press, 2000.

Treiman A., *The Odd Quantum*, Princeton University Press, 1999.

Whitaker A., *Einstein, Bohr, and the Quantum Dilemma*, 2nd edn., Cambridge University Press, 2006.

Whitaker M. A. B., "Theory and experiment in the foundations of quantum mechanics", *Progress in Quantum Electronics* 24 (2000), 1.

Zeilinger A., *Dance of Photons: From Einstein to Quantum Teleportation*, Farra, Straus and Giroux, 2010.

索 引

英数字

1 ナノメータ……………………………12
1 フェムトメーター……………………13
1 ユカワ…………………………………13
2 コイン系………………………………112
EPR 論文………………………………121
GHZ 状態………………………………139

あ行

アイドラービーム………………………83
アインシュタインの局在性…………121
アルファ崩壊…………………………101
アルファ粒子……………………………11
アンチバンチング………………………59

意識……………………………………176
位相………………………………………26
位相差……………………………………64
位相ベクトル……………………………67
一般相対性理論…………………74, 123
遺伝子……………………………………4
因果律……………………………………8
因子化…………………………………113

ウィーンの変位則………………………55
内気な粒子………………………………91
宇宙の残り……………………………188

永久磁石…………………………………6
エンタングルメント……………111, 136

オイラーの公式…………………………67
オッカムのカミソリ…………………205
音…………………………………………16
オブザーバブル………………………174

か行

回折………………………………………25
可観測量………………………………174
鍵………………………………………155
核磁気共鳴……………………………153
確率振幅……………………………18, 40
隠れた変数………………………………44
重ね合わせ状態……………………18, 119
仮想的原子エネルギーレベル…………60
環境…………………………………49, 185
還元主義………………………………191
干渉現象…………………………………24
干渉縞……………………………………31
観測可能量……………………………174
観測のパラドックス…………………194

起源……………………………………209
基底状態…………………………53, 113
奇妙な遠隔作用………………121, 135, 162
逆相関……………………………………62
客観的な実在……………………………15
キュービット……………………23, 151
共役な光子………………………………84
共役量……………………………………46
局在性…………………………………121
局所的な隠れた変数…………………136
局所的な隠れた変数理論………………48

索　引

クェーサー ………………………………… 74
クォーク …………………………………… 7
グルーオン ………………………………… 7

経験主義 ………………………………… 135
ケット …………………………………… 17
ケットベクトル ………………………… 17, 19
建設的な干渉 …………………………… 27

光学的半波長板 ………………………… 98
光子 ……………………………………… 35
光電効果 ………………………………… 14
古典物理学 ………………………………… 6
コペンハーゲン解釈 …………………… 22

さ行

シグナルビーム ………………………… 83
思考実験 ………………………………… 36
自然放出 ………………………………… 54
実在 ………………………………… 15, 121
実在主義者 ……………………………… 15
実在的に隠れた変数理論 ……………… 123
実在の要素 ……………………… 121, 124
実在論 …………………………………… 121
射影 …………………………………… 118
社交的な粒子 …………………………… 92
収縮 ……………………………………… 43
周波数 …………………………………… 25
重力レンズ ……………………………… 74
シュテルン–ゲルラッハの実験 ……… 178
受動的な装置 …………………………… 63
シュレディンガーの子猫 ……………… 179
シュレディンガーの猫状態 …………… 180
シュレディンガーの猫のパラドックス 172
シュレディンガー方程式 ………………… 40
状態ベクトル …………………………… 17
障壁 …………………………………… 100
ジョセフソン接合 ……………………… 181
信号 …………………………………… 121

スクイド ………………………………… 181
スピン …………………………………… 178

潜在的な可能性 ………………………… 98
成分 ……………………………………… 20
積状態 ………………………………… 113
遷移 ……………………………………… 54
前期量子論 ………………………………… 8
線形光学 ………………………………… 82
全反射 ………………………………… 108

操作的な定義 …………………………… 53
相対状態解釈 ………………………… 203
相補性 …………………………………… 47
素数 …………………………………… 152

た行

第一次量子革命 ……………………… 150
タイプI自発的パラメトリック下方変換
　82
多宇宙解釈 …………………………… 194
多世界解釈 ………………………… 194, 202
単一光子 ………………………………… 58

遅延選択実験 …………………………… 71
超光速 ………………………………… 104
超伝導量子干渉素子 ………………… 181

デコヒーレンス ……………………… 49, 185
デコヒーレンスの理論 ……………… 196
デヴィッソン–ガーマーの実験 ………… 35
電子 ……………………………………… 6
電磁気学 ………………………………… 6
電子線バイプリズム …………………… 37
電磁波 …………………………………… 14

同位相 …………………………………… 26
道具主義 ……………………………… 200
統計力学 ………………………………… 7
トンネリング ………………………… 99, 182

な行

内部自由度 …………………………49

二重人格 ……………………………51

抜け穴 ……………………………138

熱放射 ………………………………56
熱力学 ……………………………… 6

能動的な光学装置 ……………62, 81

は行

パウリ排他律 ………………………91
破壊的な干渉 ………………………27
波束 ………………………………105
波長 …………………………………25
波動関数 ……………………………38
波動性 ………………………………51
パラドックス ……………………179
パルス ………………………………57
バンチ ………………………………58
バンチング効果 ……………………59
半導体 ……………………………150
ハンブリー・ブラウン–ツイス効果 …59

ビームスプリッター ………………61
非局所性 ……………… 78, 112, 121
非局所的 …………………………201
非局所的な隠れた変数理論 ………48
非決定 ………………………………22
非決定性原理 ………………………46
非線形結晶 …………………………82
非線形光学 …………………………82
ビット ………………………………23
非分離性 …………………………111
微粒子 ………………………………25

ブール論理 …………………………16
フェルミオン ………………………91
フォン・ノイマンの無限回帰カタストロフィー ……………………………176
不確定 ………………………………22
不確定性原理 ………………………46
複製不能の定理 …………………158
双子 …………………………………86
フラーレン …………………………49
プランク定数 ………………………35
分離可能な系 ……………………114

並行宇宙 …………………………203
ベクトル ……………………………19
ベクトル空間 ………………………20
ベル基底 …………………………161
ベル状態 …………………………161
ベル測定 …………………………162
ベルの不等式 ……………………137
偏極 …………………………………30
偏極の方向 …………………………30

方解石結晶 ………………………126
ボソン ………………………………91
ポッケル・セル ……………………71
ポンプ ………………………………82

ま行

マイスナー効果 …………………182
マクロな世界 ……………………… 1
マッハ–ツェンダー干渉計 ………64

ミクロな世界 ……………………… 2
ミクロ粒子 ………………………177

ムーアの法則 ……………………150
娘の光子 ……………………………84
無相互作用測定 ……………………76

メゾスコピックな世界 …………… 2

索　引

もつれ状態 …………………………… 48

や行

横波 …………………………………… 25

ら行

ランダム ……………………………… 119
リダクション ………………………… 194
粒子性 ………………………………… 51
量子 …………………………………… 52
量子暗号 …………………………… 9, 153
量子宇宙 ……………………………… 204
量子鍵配送 ………………………… 9, 153
量子計算 ……………………………… 23
量子コイン ………………………… 18, 112
量子光学 ……………………………… 9
量子コヒーレンス …………………… 49
量子コンピュータ ………………… 9, 23
量子状態 ……………………………… 17
量子情報科学 ………………………… 151
量子情報通信 ………………………… 9
量子性 ………………………………… 209
量子テレポーテーション …………… 159
量子電磁力学 ………………………… 36
量子ビット …………………………… 151
量子メタ物理 ………………………… 193
量子もつれ …………………………… 109
量子力学 ……………………………… 5
量子力学の解釈 ……………………… 193

論理実証主義 …………………… 135, 200

訳者情報

河辺哲次（かわべてつじ）

【略歴】1949 年　福岡市生まれ
　　　　1972 年　東北大学工学部原子核工学科卒業
　　　　1977 年　九州大学大学院理学研究科（物理学）博士課程修了（理学博士）
　　　　　　　　その後，高エネルギー物理学研究所（現：高エネルギー加速器研究機構 KEK）助手，九州芸術工科大学助教授，同 教授，九州大学大学院教授
　　　　2015 年　九州大学 名誉教授
　　　　　　　　その間，文部省在外研究員としてコペンハーゲン大学のニールス・ボーア研究所（デンマーク国）に留学．

【専門】素粒子論，場の理論におけるカオス現象，非線形振動・波動現象

【主著（著書）】『スタンダード力学』，裳華房 (2006)，『ベーシック電磁気学』，裳華房 (2011)，『工科系のための 解析力学』，裳華房 (2012)，『物理と工学のベーシック数学』，裳華房 (2014)

【主著（訳書）】『マクスウェル方程式―電磁気学がわかる 4 つの法則』，岩波書店 (2009)，『物理のためのベクトルとテンソル』，岩波書店 (2013)，『算数でわかる天文学』，岩波書店 (2014)

量子論の果てなき境界
　―ミクロとマクロの世界にひそむ
　　シュレディンガーの猫たち―

原題：*The Quantum Divide: Why Schrödinger's Cat is Either Dead or Alive*

2015 年 11 月 25 日　初版 1 刷発行

検印廃止
NDC 421.3
ISBN 978-4-320-03596-6

著　者　Christopher C. Gerry（クリストファー・ジェリー）
　　　　Kimberley M. Bruno（キンバリー・ブルーノ）

訳　者　河辺哲次 ⓒ2015

発　行　共立出版株式会社／南條光章
　　　　東京都文京区小日向 4-6-19
　　　　電話 03-3947-2511（代表）
　　　　〒112-0006／振替口座 00110-2-57035
　　　　http://www.kyoritsu-pub.co.jp/

印　刷
製　本　藤原印刷

一般社団法人
自然科学書協会
会員

Printed in Japan

JCOPY　〈出版者著作権管理機構委託出版物〉
本書の無断複製は著作権法上での例外を除き禁じられています．複製される場合は，そのつど事前に，出版者著作権管理機構（TEL：03-3513-6969，FAX：03-3513-6979，e-mail：info@jcopy.or.jp）の許諾を得てください．

■物理学関連書

http://www.kyoritsu-pub.co.jp/ 共立出版

カラー図解 物理学事典	杉原 亮他訳
ケンブリッジ 物理公式ハンドブック	堤 正義訳
大学新入生のための物理入門 第2版	廣岡秀明他著
基礎 物理学 第2版	後藤憲一他著
基礎 物理学 I・II	後藤憲一他編
基礎 物理学演習	後藤憲一他編
演習で理解する基礎物理学 —力学—	御法川幸雄他共著
詳解 物理学演習(上)・(下)	後藤憲一他編
これならわかる物理学	大塚徳勝著
そこが知りたい物理学	大塚徳勝著
ファンダメンタル物理学 —力学—	笠松健一他著
ファンダメンタル物理学 —電磁気・熱・波動— 第2版	新居毅人他著
薬学系のための基礎物理学	大林康二他著
薬学生のための物理入門 —薬学準備教育ガイドライン準拠—	廣岡秀明他著
看護と医療技術者のためのぶつり学 第2版	横田俊昭著
独習独解物理で使う数学 —完全版—	井川俊彦訳
演習形式で学ぶ 特殊関数・積分変換入門	蓬田 清著
詳解 物理／応用数学演習	後藤憲一他編
物理のための数学入門 複素関数論	有馬朗人他著
物理現象の数学的諸原理 —現代数理物理学入門—	新井朝雄著
HOW TO 分子シミュレーション	佐藤 明著
力学 講義ノート	岡田静雄他著
振動・波動 講義ノート	岡田静雄他著
基礎と演習 理工系の力学	高橋正雄著
大学新入生のための力学	西浦宏幸他著
大学生のための基礎力学	大槻義彦著
アビリティ物理 物体の運動	飯島徹穂他著
ケプラー・天空の旋律(メロディー)	吉田 武著
基礎 力学演習	後藤憲一編
詳解 力学演習	後藤憲一他共編
入門 工系の力学	田中 東他著
アビリティ物理 音の波・光の波	飯島徹穂他著
アビリティ物理 電気と磁気	飯島徹穂他著
磁気現象ハンドブック	河本 修監訳
詳解 電磁気学演習	後藤憲一他編
大学生のためのエッセンス電磁気学	沼居貴陽著
大学生のための電磁気学演習	沼居貴陽著
基礎と演習 理工系の電磁気学	高橋正雄著
マクスウェル・場と粒子の舞踏 —60小節の電磁気学素描—	吉田 武著
身近に学ぶ電磁気学	河本 修著
現代の熱力学	白井光雲著
基礎 熱力学	國友正和著
統計熱力学の基礎	鈴木 彰他著
新装版 統計力学	久保亮五著
数学で読み解く統計力学	森 真著
量子進化	斎藤成也監訳
量子情報の物理	西野哲朗他訳
量子情報科学入門	石坂 智他著
大学生のためのエッセンス量子力学	沼居貴陽著
大学生のための量子力学演習	沼居貴陽著
量子力学の基礎	北野正雄著
工学基礎 量子力学	森 敏彦著
詳解 理論／応用量子力学演習	後藤憲一他編
量子統計力学の数理	新井朝雄著
量子数理物理学における汎関数積分法	新井朝雄著
アビリティ物理 量子論と相対論	飯島徹穂他著
アインシュタイン選集1・2・3	湯川秀樹監修
一般相対性理論	杉原 亮訳
素粒子物理学	井上研三著
素粒子・原子核物理学の基礎	末包文彦他訳
Q＆A放射線物理 改訂新版	大塚徳勝他著
物質の対称性と群論	今野豊彦著
ナノの本質 —ナノサイエンスからナノテクノロジーまで—	木村啓作他訳
ナノ構造の科学とナノテクノロジー	吉村雅満他訳
物質科学の世界	兵庫県立大学大学院物質理学研究科編
コンピュータ・シミュレーションによる物質科学	川添良幸他著
結晶 —成長・形・完全性—	砂川一郎著
物質からの回折と結像 —透過電子顕微鏡法の基礎—	今野豊彦著
ビデオ顕微鏡	寺川 進他訳
新・走査電子顕微鏡	日本顕微鏡学会関東支部編
ローレンツカオスのエッセンス	杉山 勝他訳